普通高等教育食品类专业"十四五"规划教材
工程教育及新工科理念建设规划教材

食品微生物学检验实验

●主编 刘 颖 刘唤明 雷晓凌

郑州大学出版社

图书在版编目(CIP)数据

食品微生物学检验实验 / 刘颖，刘唤明，雷晓凌主编. — 郑州：郑州大学出版社，2023.1

ISBN 978-7-5645-9062-8

Ⅰ. ①食… Ⅱ. ①刘…②刘…③雷… Ⅲ. ①食品微生物 – 食品检验 – 实验 Ⅳ. ①TS207.4-33

中国版本图书馆 CIP 数据核字(2022)第 161061 号

食品微生物学检验实验
SHIPIN WEISHENGWUXUE JIANYAN SHIYAN

策划编辑	袁翠红	封面设计	苏永生
责任编辑	杨飞飞	版式设计	凌 青
责任校对	崔 勇	责任监制	李瑞卿

出版发行	郑州大学出版社	地 址	郑州市大学路40号(450052)
出 版 人	孙保营	网 址	http://www.zzup.cn
经 销	全国新华书店	发行电话	0371-66966070
印 刷	郑州龙洋印务有限公司		
开 本	787 mm×1 092 mm 1 / 16		
印 张	7.5	字 数	131 千字
版 次	2023 年 1 月第 1 版	印 次	2023 年 1 月第 1 次印刷
书 号	ISBN 978-7-5645-9062-8	定 价	19.00 元

本书作者

主　　编　刘　颖（广东海洋大学，广州科技职业技术大学）

　　　　　刘唤明（广东海洋大学）

　　　　　雷晓凌（广东海洋大学）

副 主 编　邓楚津（广东海洋大学）

　　　　　丁秀琼（湛江海关技术中心）

　　　　　窦建洲（广州汇标检测技术中心）

　　　　　林景兰（湛江市食品药品检验所）

　　　　　周龙建（广东海洋大学）

　　　　　宋兵兵（广东海洋大学）

编　　委　（按姓氏笔画排序）

　　　　　丁秀琼　邓楚津　刘　颖　刘唤明　宋兵兵

　　　　　林景兰　周龙建　雷晓凌　窦建洲

前 言

　　食品安全关系到人们的健康与生命,而微生物污染是导致诸多食品安全问题最主要的因素,它不仅会引起食品的腐败变质,而且还会造成食源性疾病,甚至导致死亡。因此,食品微生物检测技术对于保障食物供应的安全和减少食源性疾病的发生率是十分重要的。通过微生物检验,不仅可以判断食品的微生物指标是否符合我国的食品卫生标准,而且还可为食品在生产、储藏、运输和销售等过程的质量与安全管理提供科学依据,进而保障我国食品的质量与安全。因此,加强食品微生物检验对我国食品质量与安全有着重要意义。为了适应食品质量与安全/食品科学与工程专业人才培养的需要,我们以国家标准中传统食品微生物检验技术为基础,并精选了一些最新的食品微生物的快速检验新技术编写了本教材。

　　本教材所编写的内容主要从实际教学需要出发,在本校自编的《食品微生物学检验》教材的基础上,参考相关的食品安全国家标准,结合多年来本校开设的食品微生物学检验实训内容及生产实践的情况筛选编写内容。全书内容包括绪论、食品微生物学检验的基本原则和要求、食品中卫生指标细菌的检验、食品中致病细菌的检验、食品中真菌的检验、食品加工环境中的微生物检验以及食品微生物的快速检验技术。本书实用性强,适合食品质量与安全等相关专业的本科、高职院校的学生使用。

　　本书除由广东海洋大学食品微生物教学团队六位一线教师编写外,还有湛江海关技术中心、广州汇标检测技术中心以及湛江市食品药品检验所等行业人员参与编写,使本书的内容更符合目前实际检验工作的需要。编写过程中力求完善、实用,既注重常规食品微生物检验技术的介绍,也注重现代技术的介绍。

由于我们编写水平有限,书中难免存在一些不足,敬请使用该书的读者随时提出宝贵意见,以便今后不断改进与完善。

编　者
2022 年 3 月

目录

"国以民为本,民以食为天,食以安为先",食品安全始终是人们关注的问题。由于微生物在自然界中分布广、种类多、数量大。因此在食品生产、运输及加工等过程中都可能受到各种微生物及其代谢产物的污染,从而引起食品的腐败变质,甚至造成食源性疾病。近年来,在世界各国发生的各种食品安全问题中,绝大部分是由食源性致病菌引起的食源性疾病导致的。食源性致病菌对人类健康造成的危害已成为食品安全最主要、最重大的隐患。美国等发达国家有着较完善的食品法律法规体系和食品鉴定体系,自2009年以来,我国相继颁布和出台了《中华人民共和国食品安全法》《中华人民共和国食品安全法实施条例》《食品安全整顿工作方案》等法律法规。食品微生物检测在现代食品企业安全生产、食品安全管理中起到重要的作用。食品微生物检测对食品原料、加工、运输、销售和储藏等过程中微生物的种类、数量检测,已成为企业及管理部门监控食品质量、保证食品安全重要的手段。

第一章

绪　论

第一节　食品微生物检验概述

一、食品微生物检验的概念

食品微生物检验关系到产品的安全、人类的健康和食品企业的发展,是食品微生物学的一个分支。食品微生物检验按照一定的检验程序,借助如微生物传统培养与鉴定技术、分子生物学技术、免疫技术、质谱分析技术等作为检测手段,对食品中所含微生物的种类、数量等开展系统性的检验,进而对食品中所含微生物进行定性及定量的分析,最终确定单位样品中某种或某类微生物的数量、种类、性质及其活动规律等状况的一门科学。

二、食品微生物检验的特点

(一)食品微生物检验涉及的微生物范围广,种属多

食品中含有的丰富营养成分为微生物的生长、繁殖提供了充足的物质基础,为自然环境中各种微生物滋生提供了良好的营养。但是这些微生物有的引起食品腐败变质,如假单胞杆菌、微球菌属、芽孢杆菌属、梭状芽孢杆菌、嗜盐杆菌属、嗜盐球菌属、霉菌等多种属的微生物。有的引起人类食物的中毒,如金黄色葡萄球菌、沙门氏菌、副溶血性弧菌、单增李斯特菌、肉毒杆菌、变形杆菌、蜡样芽孢杆菌、空肠弯曲菌、小肠结肠炎耶尔森菌、黄曲霉等致病微生物,有的引起人畜共患传染病,如布氏杆菌、结核杆菌、炭疽杆菌等,还有诸如病毒、轮状病毒等。这些有害微生物都是食品中要检测的微生物。另外,在酿造发酵工业生产中所用的霉菌、酵母菌等,以及保健食品中所用的双歧杆菌、乳酸菌等,也需要定期鉴定,监测菌种是否变异产生毒素或影响发酵质量。由此可见,食品微生物检验涉及致病性微生物、条件致病微生物、非致病性微生物、细菌、病毒、真菌等微生物的检测。可以说,食品微生物检验接触的微生物类群、种属比其他专业微生物检验要多。

(二)食品中待检测目标菌数量少,杂菌多,对检验工作干扰严重

在食品中,往往待检目标微生物所占比例较低,特别是致病菌,并且常有大量的非致病性微生物的干扰。因此,在检验时要排除杂菌的干扰或通过富集目标菌才能获得

准确的检验结果。此外,有些致病菌在热加工、冷加工中受到损伤,使目标菌不易检出,这种情况检验时还需要进行修复处理。

(三)采集食品微生物检验样品比较复杂,样品采集要求高

在食品微生物检验中,采集样品极其重要。被检样品可能是动植物性原料、加工食品、冷藏食品、生产环境甚至是食物中毒者的呕吐物等各种不同类型的样品。但要求所采集的样品必须有代表性、典型性,并且采样要在无菌操作下进行,同时记录采样现场的温度、湿度及卫生状况,采集的样品还需要低温快速运送至检测部门。

(四)检验需要准确性、可靠性和快速性

食品微生物检验结果用于判断食品、加工与销售环境的卫生状况,正确分析食品的安全性,或分析污染途径,为预防食物腐败、食物中毒的发生提供重要依据。因此,要求检验结果必须准确、可靠。同时,企业为了产品销售的需要以及职能部门食品安全执法的需要等,要求尽快出具检验结果。因此,快速又是微生物检验的一个重要要求。

(五)采用标准化的方法、操作流程及结果报告形式

食品微生物常规检验指标已经确认,就应采用公认的方法、规范的操作及报告形式。我国已颁布的 GB 4789 系列《食品安全国家标准 食品微生物学检验标准汇编》,确定以常规培养方法作为基准的方法。

(六)检验涉及学科多样

食品微生物检验以微生物学为基础,还涉及生物学、生物化学、免疫学、分子生物学及光谱、质谱检测技术等多种学科。

三、食品微生物检验的范围

从食品的原料、生产加工、销售及食用后发生的中毒,所涉及的所有原材料均可能是检验的范畴,具体包括以下几个方面。

1. 食品的检验

包括对出厂食品、可疑食品及食物中毒食品等食品的检验。

2. 原材料的检验

包括动植物食品原料、各种添加的辅料等。

3.生产环境的检验

包括生产车间用水、空气、地面、墙壁、操作台、设备等。

4.食品加工过程、储藏、销售等环节的检验

包括从业人员的健康及卫生状况、加工工具、运输车辆、包装材料等。

四、食品微生物检验的主要指标

我国原卫生部颁布了食品微生物检验三项指标,即菌落总数、大肠菌群及致病菌,但必要时还需要其他指标的检验。

(一)菌落总数

该指标反映了食品的新鲜度、被细菌污染的程度、生产过程中食品是否变质和食品生产一般卫生状况等,它是判断食品卫生质量的重要依据。

(二)大肠菌群、粪大肠菌群、大肠杆菌

这三个指标都可以作为粪便污染指标,并可作为肠道致病菌的污染参考指标。大肠菌群往往会寄居生于人体或是其他温血动物肠道中,并伴随粪便排泄到外界环境。食品中大肠菌群数量越多,即表明其遭受粪便污染的程度越严重。因此,大肠菌群作为粪便污染食品的重要指标。

(三)致病菌

致病菌是能导致人体发病的细菌,对人民群众的生命安全造成影响。在进行食品污染程度检测时,还需要对致病菌菌群的含量进行确定,由此对食品中有没有致病危险进行分析确定。检验时可针对食品种类与场合的不同,须选取相应的参考菌来予以检验。

(四)霉菌及其毒素

霉菌是广泛分布在自然界中的一种真核微生物,有些霉菌产生的毒素可引起急性或慢性疾病,甚至癌变的发生。目前霉菌检验主要是霉菌计数或同酵母菌一起计数,以及黄曲霉毒素等其他霉菌毒素的检验。

(五)微生物其他指标

微生物指标还包括病毒,如诺如病毒、轮状病毒、甲型肝炎病毒等与人类健康有直接关系的病毒,在一定时期或场合也是食品微生物检验的指标。另外,从食品检验的

角度考虑,寄生虫也属于微生物检验的重要指标。

五、食品微生物检验的意义

通过食品微生物检验,可以了解食品或生产环节中存在的微生物种类、分布及其与食品的关系,辨别有益的、无害的、致腐的、致病的,甚至中毒的微生物。

通过食品微生物检验,可以判断食品加工环境及食品卫生状况,能够对食品被细菌等有害微生物污染食品的程度做正确评价,为各项卫生管理工作提供科学依据,为采取食物中毒重复发生的防治措施提供依据。食品微生物检验也可以有效地防止或者减少食物中毒,以及人畜共患病的发生,保证人民的身体健康。

微生物无处不在,食品生产过程中原料采购、加工、包装、储存和运输等环节的场所、设施等,以及从业人员都会带来污染,因此食品生产良好的操作规范(GMP),危害分析关键控制点(HACCP)等食品企业的管理体系都重视微生物的控制,根据食品的特点以及生产、储存过程的卫生要求,建立对保证食品安全具有显著意义的关键控制环节的监控制度,良好实施并定期检查,发现问题及时纠正。微生物检验提供的参考数据,为企业质量管理提供科学依据。

六、思考题

(1)简述食品微生物检验的定义。
(2)食品微生物检验有哪些特点?
(3)食品微生物检验范围及主要目标是什么?
(4)食品微生物检验有什么意义?

第二节　食品微生物学检验技术

由食源性病原微生物引发的如肠出血性大肠杆菌感染、沙门氏菌、甲型肝炎等食源性疾病在世界范围内仍有不断暴发。据世界卫生组织估计,在全世界每年数以亿计的食源性疾病患者中,70%是由于食用了各种致病性污染的食品和饮用水造成的。国际相关组织及各国政府已充分认识到食源性病原微生物对食品安全的影响及危害,并在全球范围内采取多种方式加以严格控制。但是采取的控制措施必须依靠食品微生物检测结果作为依据。没有相应的检测技术与结果的分析,无法获得食品中污染微生物的种类、数量等基础数据,食品是否可以安全食用也无法判断,职能部门更不能够确认食品的质量标准是否得到有效执行,最终的结果必然是无法确定食品的安全性。可以说,微生物检验技术是保证食品微生物安全控制体系、食品微生物标准体系极其重要的手段。

在这一节中我们把食品微生物学检验技术分成两类进行介绍,一是常规食品微生物学检验技术,二是利用现代科学手段的快速检测技术,称为现代食品微生物学检验技术。

一、常规食品微生物学检验技术

常规食品微生物学检验技术需要有微生物的培养环节,致病菌的检测步骤通常为:样品称量→增菌培养→选择性增菌培养→选择性划线分离→纯化→生化鉴定(血清学鉴定)。从常规食品微生物学检验技术步骤中可以看出,常规技术主要涉及微生物的培养、分离纯化技术,鉴定主要采用生理生化鉴定,有些致病菌还用到血清学鉴定方法。

常规检验技术优点是阳性结果可以得到活的菌株,能进行溯源、分型等相关研究,对于污染源的跟踪非常重要。不足之处:①耗时长,需要一周以上的时间;②劳动强度大,从样品称量到生化鉴定都离不开人工;③需要具备一定经验的人员,关键生化反应的误判均导致相反的结果;④耗费的资源相对较多。

常规微生物检验大多需要经过富集培养过程,一般最快的菌落总数计数也需要2天,致病菌的检验需要一周以上,所以常规微生物检验存在耗时长,结果滞后等问题。但是,目前国家标准或国际标准仍然以常规方法为主,而且现代检测方法的结果可靠与否,也需要与国标或国际标准比较进行判断。因此,国标和国际标准仍然是食品微生物检验的金标准。

二、现代食品微生物学检验技术

随着科学技术的快速发展,食品微生物检验领域涌现出许多新技术、新方法,融合了微生物学、生物化学、分子生物学、免疫学、生物物理学、计算机技术等学科知识,与传统方法相比,这些现代食品微生物检验技术更加简便、快速与准确。这些技术根据其原理和方法包括免疫学方法、分子生物学方法、电化学方法、仪器分析法等。现代检验技术主要着重于缩短检验时间,因此现代检验技术也经常称为快速检测方法。

(一)免疫学方法

微生物免疫学检验方法是基于抗原和抗体在体外发生的特异性免疫反应而建立的分析检验方法。菌体、鞭毛、荚膜、细菌外毒素等都可作为反应的免疫原。因此,免疫学技术检验的范围很广,具有灵敏高效、操作简单、快捷,对设备要求低等特点。免疫学检验方法主要包括酶联免疫吸附技术、免疫磁性微球技术、荧光抗体检测技术、免疫胶体金层析技术等。

其中,酶联免疫吸附法(ELISA)在食源性致病菌检验中运用较多的一种,该法的基本原理是将特定的抗体(或抗原)与酶标记物结合形成复合物,加有酶标记的抗体(或抗原)复合物即不影响抗体(或抗原)与对应的抗原(或抗体)发生特异性结合反应,同时也不影响酶与底物的催化反应,最后通过检测酶的催化反应从而实现定性与定量检测目标微生物的目的。如双抗体夹心法检测抗原时,第一步先将特异性抗体与固相载体联结,形成固相抗体,洗涤除去未结合的抗体及杂质;第二步加受检样品,保温反应,若样品中有相应的抗原(目标菌),将形成固相抗原抗体复合物,再洗去未结合的物质;第三步加酶标抗体,保温反应,若第二步形成了固相抗原抗体复合物,可以继续与酶标抗体结合,再洗涤未结合的酶标抗体,此时固相载体上带有的酶量与样品中受检抗原的量呈正相关。第四步加底物显色,固相上的酶催化底物形成有色产物,通过比色测知样品中抗原的量。双抗体夹心法多用于小分子食品微生物的快速检验,具有检测效率高、灵敏度高的应用优势。用同样的原理建立的方法还有竞争性 ELISA 法、斑点 ELISA 及亲和素和生物素的 ELISA 法等,都能够有效提升检测工作效率,并得到广泛应用。

(二)分子生物学方法

聚合酶链式反应技术(polymerase chain reaction,PCR)检测技术已广泛应用于食品微生物检测,其重要性毋庸置疑。此项技术的应用原理是向 DNA 模板与引物混合体系内添加一定量的聚合酶,根据碱基互补配对的原则,利用相应仪器在体外大量扩增目标 DNA 片段,再利用电泳技术对扩增后的 DNA 片段进行检测与分析,从而达到检定目标微生物的目的。该方法操作步骤依次为高温变性、低温退火、延伸,它具有检测结果准确性高的应用优势,其检测准确率可达98%。

分子生物学技术在食品微生物检验中的应用种类较多,包括常规 PCR 技术、多重 PCR 技术、核酸探针技术、基因芯片技术、DNA 指纹图谱技术、环介恒湿扩增技术等。

分子生物学技术应用前景广阔,对食品微生物检验灵敏性高、分析能力强、操作简便,可直接对食品微生物进行快速检验。

(三)电阻抗技术

电阻抗技术原理是利用细菌在培养过程中将培养基中的惰性物质代谢为带电的小分子物质,加强了培养基的导电性并导致其阻抗发生变化,通过检测电阻抗变化,以此检测出响应的细菌。如当食品中微生物含量大时,会严重破坏食品结构,分解其中的蛋白质,蛋白质被分解后,变成了带电离子以及氨基酸,再利用带有电阻的电路,检测微生物的导电性,分析相关数据。当前这种方法已经广泛应用于大肠杆菌及沙门氏菌的检测,精准度高,灵敏性强。

(四)生物传感器技术

生物传感技术根据微生物引起的化学变化以及物理变化过程中产生的反应,通过换能器观察目标物的具体反应,并通过数字信号表达出具体变化情况。在食品微生物检测过程中,通过离散化或者连续性的数字信号来代指以及记录食品中微生物物理、化学变化的反应程度。通过检测、记录相关数据,计算出反应物的浓度,以此计算食品中的微生物含量。生物传感器利用酶、抗体、微生物、细胞、组织、核酸等生物活性物质等固定化敏感材料作为识别元件,与适当的信号转换器和信号放大器装置共同组成,具有接受与转换的功能。该方法的建立涉及生命科学、物理、化学、信息科学等众多学科。目前已开发出来的电阻电导检测器有:美国 Vitek 公司生产的 Bactometer 可适用于检测肉品、乳制品等含菌量,英国推出的 Mathus 系统,可用来检测牛乳、酿造液、鱼及海产品的含菌量。

(五)质谱技术

质谱技术是一种新型的致病菌检测方法,其原理是质谱仪离子源通过辐照或者电离效应给予检测目标物质,目标物吸收能量后被激发,在激发过程中吸收高能的物质会产生强烈的离子化效能。带电离子发生离子化后被载气带入质谱仪,通过电压的作用加速飞行,因为各个离子间具有不同的质荷比,因此会按照质量数的大小被分离。被捕获后的带电粒子在检测器上产的信号信息也各不相同,通过与标准物质质谱图谱数据库中保存的信息比对,就能够鉴定出不同的微生物。质谱技术已被用于快速检测食品中的微生物,且发展前景非常好。从食品微生物检验方面来看,质谱技术侧重于快速检验革兰氏阳性致病菌以及海产品中的腐败菌等。相关学者从样品中分离出了细菌,并采用 MALDI-TOF 质谱仪开展鉴定工作,针对诸多标准菌的光谱指纹图谱构建了提取峰图谱,如果吸收峰属于种特异性、属特异性峰,可以充当生物标记,对细菌进行快速鉴定。目前,随着技术的进步,质谱技术在微生物检测和鉴定中的应用越来越广阔。

(六)其他新型微生物检测技术

通过微热量计对微生物生长过程中产生的热量进行测量,并通过信号传导至计算机生成热曲线图,通过比对已知图谱鉴别细菌的微生物微热量检测技术。通过散光光线照射食品样品发生的散射现象,来测定和分析食品中微生物含量的方法的拉曼光谱技术等多种微生物检测技术不断被开发与应用。

三、思考题

(1)请分析常规与现代食品微生物学检验技术的优缺点。

(2)现代食品微生物学检验技术有哪些?并简述其基本原理。

食品微生物学检验需要遵循相关基本原则和要求,本章主要依据《食品安全国家标准 食品微生物学检验 总则》(GB 4789.1—2016),结合食品微生物学检验教学中需要的相关知识和要求进行编写。

第二章

食品微生物学检验的基本原则和要求

第一节　实验室基本要求

实验室的基本要求,主要包括对检验人员的要求,对环境与设施、实验设备、检验用品、培养基和试剂、质控菌株的要求。

一、检验人员

检验人员基本要求:应具有相应的微生物专业教育或培训经历,具备相应的资质,能够理解并正确实施检验;应掌握实验室生物安全操作和消毒知识;应在检验过程中保持个人整洁与卫生,防止人为污染样品;应在检验过程中遵守相关安全措施的规定,确保自身安全;有颜色视觉障碍的人员不能从事涉及辨色的实验。

必须由具有微生物专业或相近专业学历且经验丰富的人员操作或指导微生物检验,实验员应具有实验室认可的相关工作经历,才能在无人指导或被确认在有工作经验人员的指导下履行食品微生物检验。只有具备独立完成能力或在适当的指导下能进行操作的实验室人员,才允许对样品进行检验。还应随时评估实验人员在检验中所表现的能力,必要时对其进行再培训。

二、环境与设施

环境与设施的基本要求:实验室环境不应影响检验结果的准确性;实验区域应与办公区域明显分开;实验室工作面积和总体布局应能满足从事检验工作的需要,实验室布局宜采用单方向工作流程,避免交叉污染;实验室内环境的温度、湿度、洁净度及照度、噪声等应符合工作要求;食品样品检验应在洁净区域进行,洁净区域应有明显标示;病原微生物分离鉴定工作应在二级或二级以上生物安全实验室进行。

食品微生物检验室的建造,参照《实验室 生物安全通用要求》(GB 19489—2008)和《生物安全实验室建筑技术规范》(GB 50346—2011)等进行。应远离辐射、振动、噪声、沙尘等可能影响检验结果的物理因素。另外,要防止老鼠、苍蝇、果蝇、蟑螂等动物进入实验室。

实验室的布局,一般要求将办公区和实验区分开,办公区用于实验人员的学习与休息。实验区按功能可分为一般操作区、无菌区和培养区。布局时要注意各个工作过程的衔接,以及安全风险等因素,同时避免交叉污染。

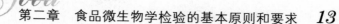

（1）一般操作区可再细分为准备区、洗涤区、灭菌区、观察计数区等。准备区用于配制培养基和处理样品等，备有天平、试剂柜、存放器具或材料的专柜、实验台、冰箱、水池等。

洗涤区用于洗刷器皿等。可备有加热器、蒸锅，洗刷器皿用的盆、桶等，还应有各种瓶刷、洗涤剂等，最好备有超声波洗涤器。

灭菌区主要用于培养基和各种器具的灭菌，应备有高压蒸汽灭菌器、烘箱等灭菌设备及设施。考虑到可能有一定的安全风险，最好安排在相对独立的一个角落。

观察计数区进行微生物观察、计数和生理生化测定工作的场所。室内的陈设因工作侧重点不同而有差异。一般均配备实验台、显微镜、菌落计数器、实验柜及凳子。实验柜放日常使用的用具及药品等。

（2）无菌区主要是无菌室区域。无菌室是实验室的重要部分，为检验过程提供相对封闭的环境，避免检验过程中外界微生物的介入，以及致病菌的外泄，以达到保证实验结果的准确和人员安全的目的。无菌室通过空气净化和空间的灭菌为微生物实验提供一个相对无菌的工作环境。

无菌室应远离厕所及污染区、采光良好、避免潮湿，一般安排在实验室的一角，避免干扰。无菌室外连1~2个缓冲间，用于无菌室与外界环境之间的缓冲，避免操作人员从外界带入过多的微生物到无菌室内。面积一般不大于10 m²，不小于5 m²，高度不超过2.4 m。不得使用易燃材料装修，内容装修应平整、光滑，四壁及屋顶应用不透水材质，便于擦洗及杀菌。操作间与缓冲间之间应设置具备灭菌功能的样品传递箱。无菌室与缓冲间进出口应设拉门，门与窗平齐，门缝要封紧，两门应错开，以免空气对流造成污染。在缓冲间应有洗手盆、无菌毛巾或纸巾、无菌衣裤和拖鞋等，不应放置培养箱和其他杂物。

无菌室应保持清洁整齐，室内仅存放必需的检验用具，如均质机、水浴箱、酒精灯、接种环、接种针、记号笔等，不要放与检测无关的物品，室内检验用具及桌凳等保持固定的位置。

无菌室应每周和每次操作前用0.1%新洁尔灭、2%甲酚皂液或75%酒精等及其他适宜消毒液擦拭操作台及可能污染的死角；或使用喷雾器，如过氧化氢空间灭菌器进行定期消毒。开启无菌空气过滤器及紫外灯杀菌1 h。每次操作完毕，同样用上述消毒溶液的擦拭工作台面，除去室内湿气，用紫外灯杀菌0.5 h。操作人员必须将手清洗消毒，于缓冲间更换消毒过的工作服、工作帽及工作鞋，才能进入无菌室。

（3）培养区设有空调，可安装紫外灯，按需要配备各种培养箱，是培养检验微生物的地方。一般靠近无菌区，方便操作。

三、实验设备

实验设备应满足检验工作的需要。常用设备主要有恒温培养箱、恒温水浴箱、冰箱、冷冻柜、高压灭菌锅、均质器（剪切式或拍打式均质器）、生物安全柜、显微镜等。实验设备应放置于适宜的环境条件下，便于维护、清洁、消毒与校准，并保持整洁与良好的工作状态。实验设备应定期进行校准/检定、性能验证及维护、保养，以确保工作性能和操作安全。实验设备应有仪器设备的使用记录、校准鉴定记录、维护保养记录及日常监控记录。

四、检验用品

检验用品应满足微生物检验工作的需求，必要时进行技术性验收。常规检验用品有接种环（针）、酒精灯、试管、平皿、锥形瓶、镊子、剪刀、药匙、硅胶（棉）塞、吸管、广口瓶、量筒、玻棒及 L 形玻棒、pH 试纸、均质袋等；现场采样检验用品有无菌采样容器、棉签、涂抹棒、采样规格板、转运管等。

检验用品在使用前应保持清洁和/或无菌。需要灭菌的检验用品应放置在特定容器内或用合适的材料（如专用包装纸、铝箔纸等）包裹或加塞，应保证灭菌效果。检验用品的储存环境应保持干燥和清洁，已灭菌与未灭菌的用品应分开存放并明确标识。灭菌检验用品应记录灭菌的温度与持续时间及有效使用期限。

五、培养基和试剂

培养基和试剂的制备和质量要求按照《食品安全国家标准 食品微生物学检验 培养基和试剂的质量要求》（GB 4789.28—2013）的规定执行。检验试剂的质量及配制应适用于相关检验，对检验结果有重要影响的关键试剂应进行技术性验收。

六、质控菌株

实验室应具备/有保存能满足实验需要的标准菌株。应使用微生物菌种保藏专门机构或专业权威机构保存的、可溯源的标准菌株。直接从官方菌种保藏机构获得并至少定义到属或种水平的菌株。

标准菌株的保存、传代按照《食品安全国家标准 食品生物学检验 培养基和试剂的质量要求》（GB 4789.28—2013）的规定执行。对实验室分离菌株（野生菌株），经过鉴定后，可作为实验室内部质量控制的菌株。

七、思考题

（1）食品微生物检验对人员和环境有哪些基本要求？

（2）食品微生物检验对无菌室有何要求？

第二节　样品的采集

食品微生物学检验的一般步骤包括：样品的采集与送检，检验前的准备与样品的处理，样品的检验和检验结果的报告。

这一节学习无菌取样，包括：采样原则和采样方案，各类食品的采样方法，采集样品的标记与储存和运输。

一、采样原则

（一）采样原则

（1）样品的采集应遵循随机性、代表性的原则。

（2）采样过程遵循无菌操作程序，防止一切可能的外来污染。

（二）无菌采样（取样）

"无菌"用于取样时，是指取样过程中避免因操作引起人为的污染。一个无菌样品的采集，在收集过程中本身应避免污染，然后放入消毒容器中。无菌样品的采集是为了在检验过程中如实地反映工厂的卫生状况和食品的质量安全。

（1）无菌取样前的准备工作采用正确的无菌取样工具十分重要，否则样品的完整性就值得怀疑，甚至毫无意义。为了避免没有合适的取样工具，应建立一个无菌取样的分析清单，来收集取样工具。取样的容器在最初进入加工区之前就应当被预先标识，如样品号、取样日期、取样人等。这样可以方便在不同工厂条件下的样品取样。人员取样用的服装装备，像工作服、发网或鞋靴必须经过严格消毒处理，以保证采集者没有污染到食物产品或样品。

（2）取样工具设备根据样品需要准备干冰或冰袋、样品盒、灭菌容器（塑料袋或加仑漆桶）等；根据取样样品准备灭菌的茶匙、角匙、尖嘴钳、量筒和烧杯，以及灭菌手套和无菌棉拭子等取样工具和用品。

二、采样方案

（1）根据检验目的、食品特点、批量、检验方法、微生物的危害程度等确定采样方案。

（2）采样方案分为二级和三级采样方案。二级采样方案设有 n、c 和 m 值，三级采样方案设有 n、c、m 和 M 值。

n：同一批次产品应采集的样品件数；

c：最大可允许超出 m 值的样品数；

m：微生物指标可接受水平限量值（三级采样方案）或最高安全限量值（二级采样方案）；

M：微生物指标的最高安全限量值。

注1：按照二级采样方案设定的指标，在 n 个样品中，允许有 $\leqslant c$ 个样品其相应微生物指标检验值大于 m 值。

注2：按照三级采样方案设定的指标，在 n 个样品中，允许全部样品中相应微生物指标检验值小于或等于 m 值；允许有 $\leqslant c$ 个样品其相应微生物指标检验值在 m 值和 M 值之间；不允许有样品相应微生物指标检验值大于 M 值。

例如：$n=5$，$c=2$，$m=100$ CFU/g，$M=1\ 000$ CFU/g。含义是从一批产品中采集5个样品，若5个样品的检验结果均小于或等于 m 值（$\leqslant 100$ CFU/g），则这种情况是允许的；若 $\leqslant 2$ 个样品的结果（X）位于 m 值和 M 值之间（100 CFU/g$<X\leqslant 1\ 000$ CFU/g），则这种情况也是允许的；若有3个及以上样品的检验结果位于 m 值和 M 值之间，则这种情况是不允许的；若有任一样品的检验结果大于 M 值（$>1\ 000$ CFU/g），则这种情况也是不允许的。

微生物检验的特点是以小份样品的检测结果来说明一大批食品的质量安全，因此，用于分析的样品的代表性至关重要，即样品的数量、大小和性质，正确的抽样技术，并在样品的保存和运输过程中保持样品的原有状态。

我国采用了国际微生物学会的一个分会——国际食品微生物规格（标准）委员会（The International Commission on Microbiological Specification for Foods，简称 ICMSF）提

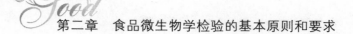

出的采样方案,该方案也是目前最为流行的抽样方案。

ICMSF 提出的采样基本原则,是根据:

1)各种微生物本身对人的危害程度各有不同;

2)食品的特性;

3)食品经不同条件处理后,其危害程度变化情况:①降低危害程度;②危害程度未变;③增加危害程度,来设定抽样方案并规定其不同采样数。

ICMSF 是将微生物的危害程度、食品的特性及处理条件三者综合在一起进行食品中微生物危害程度分类的。这个设想科学,且符合实际情况,对生产厂及消费者来说都是比较合理的。在中等或严重危害的情况下使用二级抽样方案,对健康危害低的则建议使用三级抽样方案。如沙门氏菌、副溶血性弧菌、肉毒梭菌、霍乱弧菌等为中等或严重危害的微生物采用二级抽样方案;细菌总数、大肠菌群数、大肠杆菌、金黄色葡萄球菌等对健康危害低的采用三级抽样方案。

(3)各类食品的采样方案按食品安全相关标准的规定执行。

(4)食品安全事故中食品样品的采集。

1)由批量生产加工的食品污染导致的食品安全事故,重点采集同批次食品样品。

2)由餐饮单位或家庭烹调加工的食品导致的食品安全事故,重点采集现场剩余食品样品,以满足食品安全事故病因判定和病原确证的要求。

三、各类食品的采样方法

(一)预包装食品

(1)应采集相同批次、独立包装、适量件数的食品样品,每件样品的采样量应满足微生物指标检验的要求。

(2)独立包装小于等于 1 000 g 的固态食品或小于等于 1 000 mL 的液态食品,取相同批次的包装。

(3)独立包装大于 1 000 mL 的液态食品,应在采样前摇动或用无菌棒搅拌液体,使其达到均质后采集适量样品,放入同一个无菌采样容器内作为一件食品样品;大于1 000 g 的固态食品,应用无菌采样器从同一包装的不同部位分别采取适量样品,放入同一个无菌采样容器内作为一件食品样品。

(二)散装食品或现场制作食品

用无菌采样工具从 n 个不同部位现场采集样品,放入 n 个无菌采样容器内作为 n

件样品。每件样品的采样量应满足微生物指标检验单位的要求。

四、采集样品的标记

应对采集的样品进行及时、准确的记录和标记,内容包括采样人、采样地点、时间、样品名称、来源、批号、数量、保存条件等信息。

五、采集样品的储存和运输

采集样品后应尽快将样品送往实验室检验;应在运输过程中保持样品完整;应在接近原有储存温度条件下储存样品,或采取必要措施防止样品中微生物数量的变化。

具体来说,如不能及时运送,冷冻样品应存放在−15 ℃以下冰箱或冷藏库内;冷却和易腐食品存放在 0 ~ 4 ℃冰箱或冷却库内;其他食品可放在常温冷暗处。运送冷冻和易腐食品应在包装容器内加适量的冷却剂或冷冻剂。保证运送途中样品不升温或不溶化。必要时可于途中补加冷却剂或冷冻剂。

六、思考题

(1)在食品微生物检验中,采样时要遵守哪些要求?
(2)在食品微生物检验中,对样品的采集方案有哪些要求?
(3)请说明我国采用的 ICMSF 采样方案的含义。

第三节　检验、生物安全与质量控制

一、样品检验

(一)检验前准备

(1)准备好所需的各种仪器,如冰箱、恒温水浴箱、显微镜等;各种玻璃器皿或一次性用品,如吸管、平皿、广口瓶、三角瓶、试管等均需要刷洗干净并灭菌,冷却后放无菌室备用。

(2)准备好实验所需的各种试剂、药品,配制及灭菌好所需的各种培养基。

(3)无菌室灭菌如用紫外灯灭菌,时间不应少于 45 min,关灯 0.5 h 后方可进入工

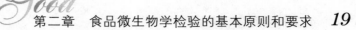

作;如用超净工作台,需提前 0.5 h 开机。必要时进行无菌室的空气检验。

(4)检验人员的工作衣、帽、鞋、口罩等灭菌后备用。工作人员进入无菌室后,实验未完成前不得随便出入无菌室。

(二)样品处理

实验室接到送检样品后应认真核对登记,确保样品的相关信息完整并符合检验要求。实验室应按要求尽快检验。若不能及时检验,应采取必要的措施,防止样品中原有微生物因客观条件的干扰而发生变化。各类食品样品处理应按相关食品安全标准检验方法的规定执行。一般来说,冷冻食品应在45 ℃以下不超过15 min,或2~5 ℃不超过18 h解冻后进行检验。

(三)样品检验

按食品安全相关标准的规定进行检验。有些指标有一种或几种检验方法,应根据不同的食品、不同的检验目的来选择恰当的检验方法。本教材重点介绍现行国家标准。

除了国家标准外,国内尚有行业标准(如出口食品微生物检验方法)、地方标准、企业标准,国外有国际标准(如 FAO 标准、ISO 标准等)和每个食品进口国家的标准(如美国 FDA 标准、日本厚生省标准、欧盟标准等),应根据客户要求选择相应的检验方法。

(四)记录与报告

检验过程中应即时、客观地记录观察到的现象、结果和数据等信息。实验室应按照检验方法中规定的要求,准确、客观地报告检验结果。

(五)检验后样品的处理

检验结果报告后,被检样品方能处理。检出致病菌的样品要经过无害化处理。检验结果报告后,剩余样品和同批产品不进行微生物项目的复检。

二、生物安全与质量控制

(一)实验室生物安全要求

应符合《实验室 生物安全通用要求》(GB 19489—2008)的规定。

(二)质量控制

可参考《实验室质量控制规范 食品微生物检测》(GB/T 27405—2008)实验室质

量控制规范食品微生物检测。实验室应根据需要设置阳性对照、阴性对照和空白对照,定期对检验过程进行质量控制;实验室应定期对实验人员进行技术考核;对重要的检验设备(特别是自动化检验仪器)设置仪器比对。

三、思考题

(1)在食品微生物检验中,检验前要做好哪些准备工作?

(2)在食品微生物检验中,对送检样品的处理有哪些要求?

食品中细菌的污染来源主要有以下几个方面：①原料污染，指食品原料在采集、加工前已被细菌污染；②食品加工过程中的污染，在食品加工中灭菌不彻底，加工方法不当造成大量细菌生长繁殖；③从业人员的污染，食品从业人员违反操作规程，带病上岗，通过口腔、手等造成食品污染；④储藏、运输、销售过程中的污染，食品中的微生物在食品储藏、运输、销售过程中进一步生长与繁殖。因此，食品在生产、加工、储藏和运输等过程中都有可能受到细菌的污染。为了控制食品的卫生质量与安全，必须对食品中的细菌进行检验并进行控制。

　　目前，食品卫生标准中的有关细菌的检测指标一般分为菌落总数、大肠菌群和致病菌等。这些检测指标可分为致病性细菌与非致病性细菌两大类。其中菌落总数、大肠菌群、粪大肠菌群和大肠埃希氏菌这几个指标不属于致病菌的范畴，而一般统称为卫生指标细菌。通过检验食品中的卫生指标细菌，可以直接反映食品的卫生质量。卫生指标细菌虽然不属于致病菌，但是通过检测大肠菌群、粪大肠菌群和大肠埃希氏菌，可以间接反映食品的安全性。在绝大多数食品中菌落总数和大肠菌群属于必检项目。食品中菌落总数、大肠菌群数越高，表明食品受细菌污染越严重，含有致病菌的可能性就越大。

第三章

食品中卫生指标细菌的检验

第一节　食品中菌落总数的测定

一、实验目的

（1）了解食品中菌落总数检测的安全学意义。

（2）掌握食品中菌落总数检测的方法。

二、实验原理

菌落总数是指抽检的食品样品经过处理，在一定条件下（如培养基、培养温度和培养时间等）培养后，所得每克（毫升）样品中形成的微生物菌落总数。检测食品中菌落总数的卫生学意义：①菌落总数可作为食品被污染程度的指标，反映食品的新鲜程度；②菌落总数可以用来预测食品的存放期限。

自然界中的细菌种类很多，这些细菌所要求的培养条件又不完全相同。如果要检验样品中所有种类的细菌，必须用不同的培养基及不同的培养条件，这样工作量就会很大。尽管自然界中细菌种类繁多，但异养、中温、好氧性细菌占绝大多数，这些细菌基本代表了造成食品污染的主要细菌种类，因此，在实际工作中，菌落总数就是指能在营养琼脂上生长、好气性嗜温细菌的菌落总数。

三、实验材料

（一）主要设备

除微生物实验室常规灭菌及培养设备外，其他设备和材料如下：①恒温培养箱（36 ℃±1 ℃，30 ℃±1 ℃）；②冰箱（2～5 ℃）；③恒温水浴箱（46 ℃±1 ℃）；④天平，感量为0.1 g；⑤均质器；⑥振荡器；⑦无菌吸管，1 mL（具0.01 mL刻度）、10 mL（具0.1 mL刻度）或微量移液器及吸头；⑧无菌锥形瓶（容量250 mL、500 mL）；⑨无菌培养皿，直径90 mm；⑩pH计或pH比色管或精密pH试纸；⑪放大镜或（和）菌落计数器。

（二）主要培养基与试剂

营养琼脂培养基（见附录A.1）；磷酸盐缓冲液（见附录B.3）；无菌生理盐水（见

附录 B.4）。

四、检验程序

菌落总数的检验程序如图 3-1 所示。

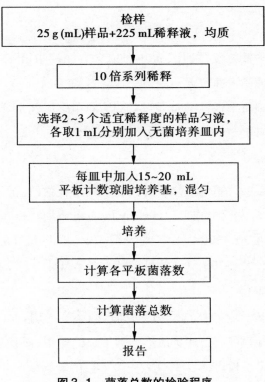

图 3-1　菌落总数的检验程序

五、实验步骤

（一）样品的稀释

以无菌操作方式称取 25 g(mL)样品并放入无菌均质袋中，然后往均质袋中倒入已灭菌的磷酸盐缓冲液或生理盐水 225 mL，用拍击式均质器拍击 2 min，或旋转刀片式均质器以 8 000 r/min 均质 1 min，制备成 1∶10 的样品匀液。并将 1∶10 的样品匀液用无菌生理盐水或磷酸盐缓冲液进行 10 倍稀释，根据对样品污染状况的估计，稀释到合适的稀释度。

选择 2~3 个适宜稀释度的样品匀液(液体样品可包括原液),在进行 10 倍递增稀释时,吸取 1 mL 样品匀液于无菌平皿内,每个稀释度做两个平皿。同时,分别吸取 1 mL 空白稀释液加入两个无菌平皿内作空白对照。及时将 15~20 mL 冷却至 46 ℃ 的平板计数琼脂培养基(可放置于 46 ℃±1 ℃ 恒温水浴箱中保温)倾注平皿,并晃动平皿使其混合均匀。

(二)培养

琼脂凝固后,将平板翻转;如果样品中可能含有在琼脂培养基表面弥漫生长的菌落时,可在凝固后的琼脂表面覆盖一薄层琼脂培养基(约 4 mL),凝固后翻转平板。如果样品是一般食品,则将平板置于 36 ℃±1 ℃ 培养箱中培养 48 h±2 h;如果样品是一般水产品,则将平板置于 30 ℃±1 ℃ 培养箱 72 h±3 h。

(三)菌落计数

可用肉眼观察,必要时用菌落计数放大镜或菌落计数器,记录稀释倍数和相应的菌落数量。菌落计数以菌落形成单位(colony forming units,CFU)表示。

(1)选取菌落数在 30~300 CFU、无蔓延菌落生长的平板计数。低于 30 CFU 的平板记录具体的菌落数,大于 300 CFU 的可记录为多不可计。每个稀释度的菌落数应采用两个平板的平均数。

(2)其中一个平板有较大片状菌落生长时,则不宜采用,而应以无片状菌落生长的平板为该稀释度的菌落数;若片状菌落不到平板的一半,而其余一半中菌落分布又很均匀,即可计算半个平板后乘以 2,代表一个平板菌落数。

(3)当平板上出现菌落间无明显界限的链状生长时,则将每条单链作为一个菌落计数。

六、菌落总数的计算与报告

(一)菌落总数的计算方法

(1)若只有一个稀释度平板上的菌落数在适宜计数范围内,计算两个平板菌落数的平均值,再将平均值乘以相应稀释倍数,作为每 g(mL)样品中菌落总数结果。

(2)若有两个连续稀释度的平板菌落数在适宜计数范围内时,按式(3-1)计算:

$$N = \sum C/(n_1 + 0.1n_2)d \tag{3-1}$$

式中:N ——样品中菌落数;

$\sum C$——平板(含适宜范围菌落数的平板)菌落数之和;

n_1——第一稀释度(低稀释倍数)平板个数;

n_2——第二稀释度(高稀释倍数)平板个数;

d——稀释因子(第一稀释度)。

示例见表3-1。

表3-1 菌落总数计数示例

稀释度	1:100(第一稀释度)	1:1 000(第二稀释度)
菌落数/CFU	232,244	33,35

$$N = \frac{\sum C}{(n_1 + 0.1n_2)d} = \frac{232 + 244 + 33 + 35}{[2 + (0.1 \times 2)] \times 10^{-2}} = \frac{544}{0.022} = 24\ 727$$

上述数据按"(二)菌落总数的报告"中"(2)"进行数字修约后,表示为 25 000 或 2.5×10^4。

(3)若所有稀释度的平板上菌落数均大于 300 CFU,则对稀释度最高的平板进行计数,其他平板可记录为多不可计,结果按平均菌落数乘以最高稀释倍数计算。

(4)若所有稀释度的平板菌落数均小于 30 CFU,则应按稀释度最低的平均菌落数乘以稀释倍数计算。

(5)若所有稀释度(包括液体样品原液)平板均无菌落生长,则以小于 1 乘以最低稀释倍数计算。

(6)若所有稀释度的平板菌落数均不在 30~300 CFU,其中一部分小于 30 CFU 或大于 300 CFU 时,则以最接近 30 CFU 或 300 CFU 的平均菌落数乘以稀释倍数计算。

(二)菌落总数的报告

(1)菌落数小于 100 CFU 时,按"四舍五入"原则修约,以整数报告。

(2)菌落数大于或等于 100 CFU 时,第 3 位数字采用"四舍五入"原则修约后,取前两位数字,后面用 0 代替位数;也可用 10 的指数形式来表示,按"四舍五入"原则修约后,采用两位有效数字。

(3)若所有平板上为蔓延菌落而无法计数时,则报告菌落蔓延。

(4)若空白对照上有菌落生长,则此次检测结果无效。

(5)称重取样以 CFU/g 为单位报告,体积取样以 CFU/mL 为单位报告。

七、实验结果与报告

(1)图片结果的记录,平板培养的结果图片。

(2)数字结果的记录,见表3-2。

表3-2　菌落总数测定结果记录

稀释倍数			
1 皿菌落数/CFU			
2 皿菌落数/CFU			

(3)根据菌落总数的测定记录,按照相关的计算方法进行计算,报告每 g(mL)食品的菌落总数。

八、思考题

(1)食品中菌落总数的测定中,为什么不统计厌氧菌的菌落数?

(2)为什么在水产品中菌落总数测定时,要将平板培养条件设置为 30 ℃±1℃,72 h±3 h?

第二节　食品中大肠菌群的计数

一、实验目的

(1)了解食品中大肠菌群计数的安全学意义。

(2)掌握大肠菌群计数的原理与方法。

二、实验原理

大肠菌群并非细菌学分类命名,而是卫生细菌领域的用语。它指的是具有某些特性的一组与粪便污染有关的细菌,这些细菌在生化及血清学方面并非完全一致,其定

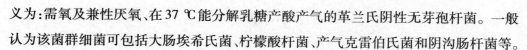

义为：需氧及兼性厌氧、在37 ℃能分解乳糖产酸产气的革兰氏阴性无芽孢杆菌。一般认为该菌群细菌可包括大肠埃希氏菌、柠檬酸杆菌、产气克雷伯氏菌和阴沟肠杆菌等。

大肠菌群分布较广，在恒温动物粪便和自然界广泛存在。调查研究表明，人、畜粪便对外界环境的污染是大肠菌群在自然界存在的主要原因。排放到自然环境中的粪便，既有健康人或动物粪便，也有带病的人或动物的粪便，所以粪便内除一般正常细菌外，同时也会有一些肠道致病菌存在（如沙门氏菌、志贺氏菌等），因而食品中有粪便污染，则可以推测该食品中存在着肠道致病菌污染的可能性，潜伏着食物中毒和流行病的威胁，对人体健康具有潜在的危险性。

大肠菌群在粪便中的数量最大，可作为粪便污染食品的指示菌；大肠菌群在外界的存活期与肠道致病菌的存活期大致相同，可作为肠道致病菌污染食品的指标菌。食品中大肠菌群超过规定的限量，则表示食品有被粪便污染的可能性，可以推测该食品中存在着肠道致病菌污染的可能性。

大肠菌群的计数按照《食品安全国家标准 食品微生物学检验 大肠菌群计数》（GB 4789.3—2016）的方法执行。该标准中大肠菌群的计数方法包括MPN（Most Probable Number）计数法和平板计数法两种。MPN计数法适用于大肠菌群含量较低的食品中大肠菌群的计数；平板计数法适用于大肠菌群含量较高的食品中大肠菌群的计数。MPN法是统计学和微生物学结合的一种定量检测法。待测样品经系列稀释并培养后，根据其未生长的最低稀释度与生长的最高稀释度，应用统计学概率论推算出待测样品中大肠菌群的最大可能数。

大肠菌群的MPN计数法通过样品稀释液在月桂基硫酸盐胰蛋白胨（lauryl sulfate tryptose，LST）肉汤管和煌绿乳糖胆盐（brilliant green lactose bile，BGLB）肉汤管的产气情况来确认大肠菌群的阳性。LST肉汤培养基是一种选择性培养基，其含有的月桂基硫酸盐能抑制革兰氏阳性菌生长，且该培养基中乳糖作为主要碳源，用于验证细菌能否发酵乳糖产气。BGLB肉汤培养基也是一种选择性培养基，其含有的胆盐与煌绿均能抑制革兰氏阳性菌生长，该培养基中乳糖同样作为主要碳源，不但用于验证细菌能否发酵乳糖产气，而且还能用于验证能否发酵乳糖产酸。因为大肠菌群发酵乳糖所产的酸会与胆盐发生反应，形成胆酸沉淀，BGLB肉汤培养基可由原来的绿色变为黄色。

三、实验材料

(一)主要设备

除微生物实验室常规灭菌及培养设备外,其他设备和材料如下:①恒温培养箱(36 ℃±1 ℃);②冰箱(2~5 ℃);③天平,感量为0.1g;④均质器;⑤振荡器;⑥无菌吸管,1 mL(具0.01 mL 刻度)、10 mL(具0.1 mL 刻度)或微量移液器及吸头;⑦无菌锥形瓶,容量250 mL、500 mL;⑧pH 计或 pH 比色管或精密 pH 试纸。

(二)主要培养基与试剂

月桂基硫酸盐胰蛋白胨(LST)肉汤培养基(见附录 A.2);煌绿乳糖胆盐(BGLB)肉汤培养基(见附录 A.3);无菌生理盐水(见附录 B.4);无菌磷酸盐缓冲液(见附录 B.3)。

四、检验程序

大肠菌群 MPN 计数法检验程序如图3-2所示。

五、实验步骤

(一)样品的稀释

以无菌操作称取样品25 g(mL)并放入无菌均质袋中,然后往均质袋中倒入已灭菌的生理盐水或磷酸盐缓冲液225 mL,用旋转刀片式均质器以8 000 r/min 均质1 min,或拍击式均质器拍击2 min,制备成1∶10的样品匀液。并将1∶10的样品匀液用无菌生理盐水或磷酸盐缓冲液进行10倍稀释,根据对样品污染状况的估计,稀释到合适的稀释度。

(二)初发酵试验

每个样品选择3个适宜的连续稀释度的样品匀液(液体样品可以选择原液),每个稀释度接种3管月桂基硫酸盐胰蛋白胨(LST)肉汤培养基,每管接种1 mL(如接种量超过1 mL,则用双料 LST 肉汤),36 ℃±1 ℃培养24 h±2 h,观察倒管内是否有气泡产生,24 h±2 h 产气者进行复发酵试验(证实试验),如未产气则继续培养至48 h±2 h,产气者进行复发酵试验。未产气者为大肠菌群阴性。

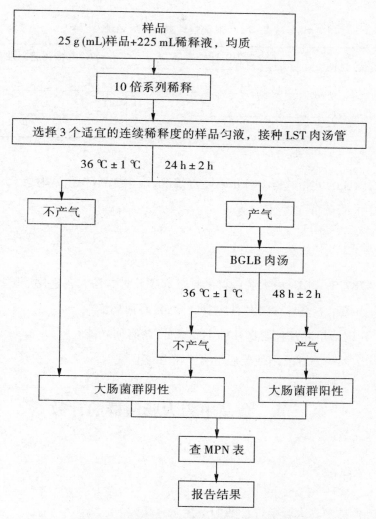

图 3-2 大肠菌群 MPN 计数法检验程序

（三）复发酵试验

用接种环从产气的 LST 肉汤管中分别取培养物 1 环,移种于 BGLB 肉汤管中, 36 ℃±1 ℃培养 48 h±2 h,观察产气情况。产气者,计为大肠菌群阳性管。

六、实验结果与报告

(1)图片结果记录,LST 肉汤管初发酵与 BGLB 肉汤管复发酵后的图片。

(2)测定结果记录,见表3-3。

表3-3　大肠菌群计数的结果记录

稀释度	LST 肉汤管阳性管数量	BGLB 肉汤管阳性管数量

（3）根据确证的大肠菌群 BGLB 阳性管情况,检索 MPN 表(见附录 C.2),报告每 g(mL)样品中大肠菌群 MPN 值。

七、思考题

（1）GB 4789.3—2016 中大肠菌群的计数有哪几种方法? 各适用于哪些情况?

（2）LST 肉汤培养基包含哪几种主要成分,各有何功能?

（3）BGLB 肉汤培养基包含哪几种主要成分,各有何功能?

（4）为什么大肠菌群的阳性要通过复发酵才能证实?

第三节　食品中粪大肠菌群的计数

一、实验目的

（1）了解食品中粪大肠菌群计数的卫生学意义。

（2）掌握粪大肠菌群检验的原理与方法。

二、实验原理

粪大肠菌群又称为耐热大肠菌群,是一群在 44.5 ℃培养 24～48 h 能发酵乳糖、产酸产气的需氧和兼性厌氧革兰氏阴性无芽孢杆菌,主要由大肠埃希氏菌组成,还包括与粪便污染无直接相关性的其他菌株,例如肺炎克雷伯菌。

大肠菌群中的细菌除生活在肠道中外,在自然环境中的水与土壤中也经常存在。在自然环境中生活的大肠菌群培养的最适温度为 25 ℃左右,如在 37 ℃培养则仍可生长,但如将培养温度进一步升高到 44.5 ℃,则不再生长。而直接来自粪便的大肠菌群细菌,习惯于37 ℃左右生长,如将培养温度升高至44.5 ℃仍可继续生长。因此,可用44.5 ℃培养的方法将自然环境中的大肠菌群与粪便中的大肠菌群区分开。

粪大肠菌群作为粪便污染指标评价食品的卫生状况,推断食品中肠道致病菌污染的可能性。粪大肠菌群与大肠菌群相比,在人和动物粪便中所占的比例较大,而且由于其在自然界中容易死亡等原因,粪大肠菌群的存在可认为食品直接或间接地受到了比较近期的粪便污染。与大肠菌群相比,粪大肠菌群在食品中的检出,说明食品中含有肠道致病菌和食物中毒菌的可能性更大。

食品中粪大肠菌群的计数按照《食品安全国家标准 食品微生物学检验 粪大肠菌群计数》(GB 4789.39—2013)的方法执行。该方法通过样品稀释液在 LST 肉汤管和 EC 肉汤管(44.5 ℃)的产气情况来确认粪大肠菌群阳性。EC 肉汤培养基是一种选择性培养基,其含有的 3 号胆盐能抑制革兰氏阳性菌,特别能抑制革兰氏阳性杆菌和粪肠球菌。该培养基中乳糖作为主要碳源,可用于验证细菌能否发酵乳糖产气。

三、实现材料

(一)主要设备

除微生物实验室常规灭菌及培养设备外,其他设备和材料如下:①恒温培养箱(36 ℃±1 ℃);②冰箱(2 ~ 5 ℃);③恒温水浴箱(44.5 ℃±0.2 ℃);④天平(感量0.1 g);⑤均质器;⑥振荡器;⑦无菌锥形瓶(容量500 mL);⑧无菌培养皿(直径90 mm);⑨pH 计或 pH 比色管或精密 pH 试纸;⑩无菌吸管,1 mL(具0.01 mL 刻度)、10 mL(具0.1 mL 刻度)或微量移液器及吸头。

(二)主要培养基与试剂

LST 肉汤培养基(见附录 A.2)、EC 肉汤培养基(见附录 A.4)、1 mol/L HCl(见附录 B.1)、1 mol/L NaOH(见附录 B.2)、无菌磷酸盐缓冲液(见附录 B.3)、无菌生理盐水(见附录 B.4)。

四、检验程序

粪大肠菌群 MPN 计数法检验程序如图3-3 所示。

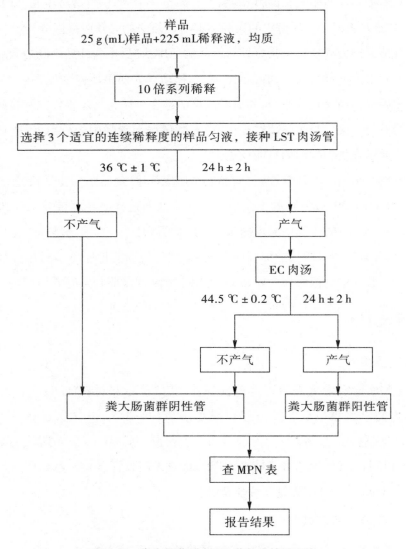

图 3-3 粪大肠菌群 MPN 计数法检验程序

五、实验步骤

(一)样品的稀释

以无菌操作称取样品 25 g(mL)并放入无菌均质袋中,然后往均质袋中倒入已灭菌的生理盐水或磷酸盐缓冲液 225 mL,用拍击式均质器拍击 2 min,或旋转刀片式均质器以 8 000 r/min 均质 1 min,制备成 1:10 的样品匀液。用无菌移液枪吸取 1:10

样品匀液1 mL,注入含有9 mL 磷酸盐缓冲液或生理盐水的试管内(已灭菌),振摇试管混匀,制备1∶100 的样品匀液。移液枪替换一支1 mL 无菌移液枪头,按上面的操作程序,依次制备10 倍系列稀释样品匀液,每递增稀释一次,移液枪换用一支1 mL 无菌移液枪头。

(二)初发酵试验

每个样品选择3 个适宜的连续稀释度的样品匀液(液体样品可以选择原液),每个稀释度接种3 管月桂基硫酸盐胰蛋白胨(LST)肉汤培养基,每管接种1 mL(如接种量超过1 mL,则用双料 LST 肉汤),36 ℃±1 ℃培养24 h±2 h,观察倒管内是否有气泡产生,在24 h±2 h 内产气者进行复发酵试验,如未产气则继续培养至48 h±2 h,产气者进行复发酵试验。未产气者为粪大肠菌群阴性。

如采用多个稀释度,最终确定最适的3 个连续稀释度方法参见附录 C.1。

(三)复发酵试验

用接种环从产气的 LST 肉汤管中分别取培养物1 环,移种于预先升温至44.5 ℃的 EC 肉汤管中。将所有接种的 EC 肉汤管放入带盖的44.5 ℃±0.2 ℃恒温水浴箱内,培养24 h±2 h,水浴箱的水面应高于肉汤培养基液面,记录 EC 肉汤管的产气情况。产气管为粪大肠菌群阳性,不产气管为粪大肠菌群阴性。

定期以已知为44.5 ℃产气阳性的大肠杆菌和44.5 ℃不产气的产气肠杆菌或其他大肠菌群细菌作阳性和阴性对照。

六、实验结果与报告

(1)图片结果记录,LST 肉汤管与 EC 肉汤管发酵后的图片。

(2)测定结果记录,见表3-4。

表3-4　粪大肠菌群计数的结果记录

稀释度	LST 肉汤管阳性管数	EC 肉汤管阳性管数

（3）根据证实的粪大肠菌群阳性管情况,检索 MPN 表(见附录 C.2),报告每 g(mL)样品中粪大肠菌群的 MPN 值。

七、思考题

（1）EC 肉汤培养基包含哪几种主要成分,各有何功能?

（2）试比较 BGLB 肉汤培养基与 EC 肉汤培养基的差异。

第四节　食品中大肠埃希氏菌的计数

一、实验目的

（1）了解食品中大肠埃希氏菌检验的安全学意义。

（2）掌握大肠埃希氏菌检验的原理与方法。

（3）掌握大肠埃希氏菌的生物学特性。

二、实验原理

大肠埃希氏菌又称大肠杆菌,广泛存在于人和温血动物的肠道中,能够在44.5 ℃发酵乳糖产酸产气,为革兰氏阴性菌,短杆,两端钝圆,单独存在或成双存在,周生鞭毛,能运动,需氧或兼性厌氧,最适生长温度为37 ℃,最适生长 pH 值为7.2～7.4。大肠埃希氏菌是动物肠道中的正常寄居菌,其中很小一部分在一定条件下可以引起人和多种动物发生胃肠道感染。致病性大肠埃希氏菌存在于人和动物的肠道中,随粪便排出而污染水源和土壤。受污染的土壤、水、带菌者的手或被污染的器具均可污染食品。大肠埃希氏菌可作为粪便污染指标来评价食品的卫生状况,推断食品中肠道致病菌污染的可能性。

食品中大肠埃希氏菌的计数按照《食品安全国家标准 食品微生物学检验 大肠埃希氏菌计数》(GB 4789.38—2012)的方法执行。该标准中大肠埃希氏菌的计算包括 MPN 计数法与平板计数法两种方法。MPN 计数法是在确认粪大肠菌群阳性的基础上,利用伊红美蓝(EMB)平板培养和 IMViC 生化反应试验(靛基质、甲基红、VP 试验、柠檬酸盐)来进一步鉴定大肠埃希氏菌。EMB 培养基既是一种选择性培养基,又是一种鉴别性培养基。EMB 培养基中含有的伊红和美蓝两种染料,不但可以抑制绝大部分革兰氏阳性菌的生长,而且还可以作为生化反应鉴别的指示剂。当大肠埃希氏菌分解乳糖产酸时细菌带正电荷被染成红色,再与美蓝结合形成紫黑色菌落,并带有绿色金属光泽。

三、实验材料

（一）主要设备

除微生物实验室常规灭菌及培养设备外,其他设备和材料如下:①恒温培养箱(36 ℃±1 ℃);②冰箱(2～5 ℃);③恒温水浴箱(44.5 ℃±0.2 ℃);④天平(感量0.1 g);⑤均质器;⑥振荡器;⑦无菌锥形瓶(容量500 mL);⑧无菌培养皿(直径90 mm);⑨pH 计或 pH 比色管或精密 pH 试纸;⑩无菌吸管,1 mL(具0.01 mL 刻度)、10 mL(具0.1 mL 刻度)或微量移液器及吸头。

（二）主要培养基与试剂

LST 肉汤培养基(见附录 A.2)、EC 肉汤培养基(见附录 A.4)、EMB 琼脂培养基(见附录 A.8)、蛋白胨水培养基(见附录 A.5)、缓冲葡萄糖蛋白胨水培养基(见附录A.6)、西蒙氏柠檬酸盐培养基(见附录 A.7)、无菌磷酸盐缓冲液(见附录 B.3)、无菌生理盐水(见附录 B.4)、Kovacs 氏靛基质试剂(见附录 B.5)、甲基红试剂(见附录B.6)、Voges–Proskauer(V–P)试剂(见附录 B.7)、革兰氏染色液(见附录 B.8)。

四、检验程序

大肠埃希氏菌 MPN 计数法检验程序如图3-4所示。

五、实验步骤

（一）样品的稀释

以无菌操作称取样品25 g(mL)并放入无菌均质袋中,然后往均质袋中倒入已灭菌的生理盐水或磷酸盐缓冲液225 mL,用拍击式均质器拍击2 min,或旋转刀片式均质器以8 000 r/min 均质1 min,制备成1∶10 的样品匀液。用无菌移液枪吸取1∶10 样品匀液1 mL,注入含有9 mL 磷酸盐缓冲液或生理盐水的试管内(已灭菌),振摇试管混匀,制备1∶100 的样品匀液。移液枪替换一支1 mL 无菌移液枪头,按上面的操作程序,依次制备10 倍系列稀释样品匀液,每递增稀释一次,移液枪换用一支1 mL 无菌移液枪头。

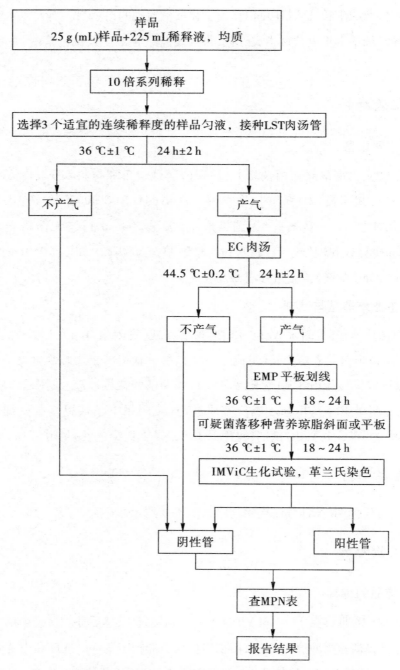

图 3–4 大肠埃希氏菌 MPN 计数法检验程序

（二）初发酵试验

每个样品选择 3 个适宜的连续稀释度的样品匀液（液体样品可以选择原液），每个稀释度接种 3 管月桂基胰蛋白胨（LST）肉汤培养基，每管接种 1 mL（如接种量超过 1 mL，则用双料 LST 肉汤培养基），36 ℃±1 ℃培养 24 h±2 h，观察倒管内是否有气泡产生，在 24 h±2 h 内产气者进行复发酵试验，如未产气则继续培养至 48 h±2 h，产气者进行复发酵试验。如所有 LST 肉汤管均未产气，即可报告大肠埃希氏菌 MPN 结果。

（三）复发酵试验

用接种环从产气的 LST 肉汤管中分别取培养物 1 环，移种于预先升温至 44.5 ℃的 EC 肉汤管中。将所有接种的 EC 肉汤管放入带盖的 44.5 ℃±0.2 ℃恒温水浴箱内，水浴箱的水面应高于肉汤培养基液面，培养 24 h±2 h，记录 EC 肉汤管的产气情况。如所有 EC 肉汤管均未产气，即可报告大肠埃希氏菌 MPN 结果；如有产气者，则进行 EMB 平板分离培养。

（四）伊红美蓝平板分离培养

轻轻振摇各产气管，用接种环取培养物分别划线接种于 EMB 平板，36 ℃±1 ℃培养 18~24 h。观察平板上有无具黑色中心有光泽或无光泽的典型菌落。

（五）营养琼脂斜面或平板培养

从每个平板上挑 5 个典型菌落，如无典型菌落则挑取可疑菌落。用接种针接触菌落中心部位，移种到营养琼脂斜面或平板上，36 ℃±1 ℃培养 18~24 h。取培养物进行下面的革兰氏染色和生化试验。

（六）革兰氏染色

用接种环从营养琼脂斜面中挑取培养物一环，并进行涂片和固定，接着进行革兰氏染色，染色结束后，用显微镜观察菌体颜色和形态。

（七）生化试验

1. 靛基质试验

用接种环从营养琼脂斜面中挑取培养物一环，并将其接种到装有蛋白胨水培养基的生化管中，将接种后的生化管置于 36 ℃±1 ℃培养 24 h±2 h。培养结束后，取出生化管，滴加 Kovacs 试剂 2~3 滴，摇匀后数秒内观察结果，如出现玫红色环，则为阳性反应，如不变色（黄色环）则为阴性反应。

2. MR-VP 试验

用接种环从营养琼脂斜面中挑取培养物一环,并将其接入到装有缓冲葡萄糖蛋白胨水培养基的生化管中,MR 反应于 36 ℃±1 ℃培养 48 h,VP 反应于 36 ℃±1 ℃培养 24 h。

MR 反应:培养结束后,往生化管中滴加甲基红试剂 2~3 滴,混匀后立即观察结果,如显红色则为阳性反应,如显黄色则为阴性反应。

VP 反应:培养结束后,往生化管中滴加 VP 试剂(VP 甲液 6 滴,VP 乙液 2 滴),混匀后继续培养 0.5~4 h,4 h 之内变红为阳性,不变色或棕黄色则为阴性。

3. 柠檬酸盐利用试验

用接种环从营养琼脂斜面中挑取培养物一环,并将其划线接种于西蒙氏柠檬酸盐培养基斜面中,36 ℃±1 ℃培养 24 h±2 h,有时需延长培养至 4 d,直接观察结果。阳性反应者培养基变为蓝色,阴性反应者培养基仍然为原来的绿色。

大肠埃希氏菌的生化鉴定反应的性质与现象见表3-5。大肠埃希氏菌与非大肠埃希氏菌的生化鉴别见表3-6。

表3-5 大肠埃希氏菌生化鉴定反应的性质与现象

序号	实验项目	性质	现象
1	靛基质试验	阳性/阴性	出现玫红色环/黄色环
2	MR 试验	阳性	生化管呈现红色
3	VP 试验	阴性	生化管呈现棕黄色
4	柠檬酸盐利用试验	阴性	培养物保持原来的绿色

表3-6 大肠埃希氏菌与非大肠埃希氏菌的生化鉴别

靛基质试验	MR 试验	VP 试验	柠檬酸盐利用试验	鉴定(型别)
+	+	−	−	典型大肠埃希氏菌
−	+	−	−	非典型大肠埃希氏菌
+	−	−	+	典型中间型
−	+	−	+	非典型中间型
−	−	+	+	典型产气肠杆菌

注:1. 如出现表3-6 以外的生化反应类型,表明培养物可能不纯,应重新划线分离,必要时做重复试验;

2. 生化试验也可以选用生化鉴定试剂盒或全自动微生物生化鉴定系统等方法,按照产品说明书进行操作。

（八）统计大肠埃希氏菌阳性的 LST 肉汤管

只要有 1 个菌落鉴定为大肠埃希氏菌,其所代表的 LST 肉汤管即为大肠埃希氏菌阳性,统计各个稀释度大肠埃希氏菌阳性的 LST 肉汤管数量。

六、实验结果与报告

（1）图片结果记录:LST 肉汤管与 EC 肉汤管发酵后的图片;EMB 平板培养的图片;革兰氏染色和生化反应试验(靛基质、甲基红、VP 试验、柠檬酸盐)的结果图片。

（2）大肠埃希氏菌计数结果记录,见表 3-7。

表 3-7　大肠埃希氏菌计数的结果记录

菌株来源	菌株编号	革兰氏染色	靛基质试验	MR试验	VP试验	柠檬酸盐利用试验	是否为大肠埃希氏菌	代表的 LST 管大肠埃希氏菌性质
EMB平板1	1							
	2							
	3							
	4							
	5							
EMB平板2	1							
	2							
	3							
	4							
	5							

（3）根据各个稀释度 LST 肉汤阳性管的数量,检索 MPN 表(见附录 C.2),报告每 g(mL)样品中大肠埃希氏菌的 MPN 值。

七、思考题

（1）EMB 琼脂培养基包含哪几种主要成分,各有何功能?

（2）试比较 BGLB 肉汤培养基与 EC 肉汤培养基。

致病菌指能够引起人体发病的细菌,食品中一般不允许有致病菌存在,食品安全标准中一般为"不得检出"致病菌,对于一些危害性不严重的指标如金黄色葡萄球菌等,在某些情况下仍有较为严格的限量要求。

由于致病菌的种类很多,而在污染食品中的致病菌总数含量相对来说又不是太多,这样就无法对所有的致病菌逐一进行检验。在实际检测中,一般是根据不同食品的特点,选定较有代表性的致病菌作为检测的重点,并以此来判断某种食品中有无致病菌的存在。例如,海产品以副溶血性弧菌、沙门氏菌、金黄色葡萄球菌等为指标;蛋及蛋制品以沙门氏菌、志贺氏菌等为指标;酸牛奶规定肠道致病菌和致病性球菌是检测重点;面包、糕点等以沙门氏菌、金黄色葡萄球菌等为指标。

第四章

食品中致病细菌的检验

第一节　食品中沙门氏菌的检验

一、实验目的

(1)了解食品中沙门氏菌检验的安全学意义。

(2)掌握沙门氏菌检验的原理与方法。

(3)掌握沙门氏菌的生物学特性和病原特性。

二、实验原理

沙门氏菌属是寄生于人类和动物肠道的一种革兰氏阴性杆菌,该菌来源于人畜粪便,沙门氏菌广泛存在于食物链的各个环节。该菌种类繁多,但只有少数对人致病。引起食品中毒的沙门氏菌主要有伤寒沙门氏菌、鼠伤寒沙门氏菌、肠炎沙门氏菌和猪霍乱沙门氏菌。据统计,在世界各地的食物中毒中,沙门氏菌引起的食物中毒常名列前位或首位。沙门氏菌可引起胃肠炎、伤寒、非伤寒型沙门氏菌败血症及无症状带菌者。

沙门氏菌为革兰氏阴性无芽孢直杆菌,菌端钝圆,生长温度范围为 $10 \sim 42$ ℃,最适生长温度为 37 ℃,适宜生长 pH 值为 $6.8 \sim 7.8$,通常具有周身鞭毛,能运动,兼性厌氧,胆盐可促进其生长。

食品中沙门氏菌检验参考《食品安全国家标准 食品微生物学检验 沙门氏菌检验》(GB 4789.4—2016)的方法执行,该方法的检验程序包括预增菌、选择性增菌、平板分离沙门氏菌、生化试验鉴定到属和血清学分型鉴定这几个程序。

预增菌又称前增菌,此目的是修复受伤的菌,沙门氏菌在食品加工、储藏等过程中,常常受到损伤甚至处于濒死状态,用无选择性的培养基使受伤或处于濒死状态的沙门氏菌恢复活力。常用不加任何抑菌剂的培养基缓冲蛋白胨水(BPW)培养基进行增菌,一般增菌时间为 $8 \sim 18$ h,时间不宜过长,因为 BPW 没有抑菌剂,时间太长,杂菌也会相应增多。

选择性增菌的目的是使沙门氏菌快速增殖,而大多数其他细菌受到抑制。选择性培养基中加有抑菌剂,如亚硒酸盐胱氨酸(SC)培养基中使用了亚硒酸钠和 L-胱氨酸,其氧化-还原电位适合兼性厌氧菌的生长,其中,亚硒酸盐抑制肠球菌等大部分革兰氏阳性菌和部分革兰氏阴性菌,尤其对大肠埃希氏菌和志贺氏菌抑制作用明显,而亚硒酸盐胱氨酸中的胱氨酸主要用于刺激沙门氏菌的生长,同时作为还原剂保护受伤菌免受代谢中产生的氧化剂的伤害;四硫磺酸钠煌绿(TTB)增菌液中使用了四硫磺酸钠和煌绿,主要抑制革兰氏阳性菌和大肠杆菌,其中硫代硫酸钠和碘反应产生的四硫磺酸钠抑制大肠杆菌的蛋白质合成。亚硒酸盐胱氨酸培养基更适合伤寒沙门氏菌和甲型副伤寒沙门氏菌的增菌,且最适增菌温度为36 ℃;而四硫磺酸钠煌绿更适合其他沙门氏菌的增菌,最适增菌温度为42 ℃。沙门氏菌有2 000多个血清型,一种增菌液不可能适合所有的沙门氏菌增菌。因此,选择性增菌时,必须用一个亚硒酸盐胱氨酸,同时再用一个四硫磺酸钠煌绿增菌液,培养温度也有差别,以防漏检。

平板分离沙门氏菌的培养基为选择性鉴别培养基,经过选择性增菌后大部分杂菌已被抑制,但仍有少部分杂菌未被抑制。因此,在设计分离沙门氏菌的培养基时,应根据沙门氏菌及其相伴随的杂菌的生化特性,在培养基中加入指示措施,使沙门氏菌的菌落特征与杂菌的菌落特征能最大限度地区分开,这样才能将沙门氏菌分离出来。选择性分离鉴别培养基一般结合使用强选择性的亚硫酸铋(BS)琼脂和弱选择性的木糖赖氨酸脱氧胆盐(XLD)琼脂或HE琼脂。

在沙门氏菌选择性琼脂平板上符合沙门氏菌特征的菌落,只能说可能是沙门氏菌,仍有可能是其他杂菌。因为肠杆菌科中的某些菌属和沙门氏菌在选择性平板的菌落特征相似,而且埃氏菌属中的极少部分菌株也不发酵乳糖,所以只能判为可疑沙门氏菌。是不是沙门氏菌,还需要做生化试验进一步鉴定。

三、实验材料

(一)主要设备

除微生物实验室常规灭菌及培养设备外,其他设备和材料如下:①冰箱(2～5 ℃);②恒温培养箱(36 ℃±1 ℃,42 ℃±1 ℃);③均质器;④振荡器;⑤电子天平(感量0.1 g);⑥无菌锥形瓶(容量500 mL,250 mL);⑦无菌吸管,1 mL(具0.01 mL刻度)、10 mL(具0.1 mL刻度)或微量移液器及吸头;⑧无菌培养皿(直径60 mm,90 mm);⑨无菌试管(3 mm×50 mm、10 mm×75 mm);⑩pH计或pH比色管或精密pH试纸;⑪全自动微生物生化鉴定系统;⑫无菌毛细管。

(二)主要培养基与试剂

缓冲蛋白胨水(BPW)培养基(附录A.9)、四硫磺酸钠煌绿(TTB)增菌液(附录

A.10)、亚硒酸盐胱氨酸(SC)增菌液(附录 A.11)、亚硫酸铋(BS)琼脂(附录 A.12)、HE 琼脂(附录 A.13)、木糖赖氨酸脱氧胆盐(XLD)琼脂(附录 A.14)、三糖铁(TSI)琼脂(附录 A.15)、营养琼脂培养基(附录 A.1)、蛋白胨水培养基(附录 A.5)、尿素琼脂(pH 值 7.2)培养基(附录 A.16)、氰化钾(KCN)培养基(附录 A.17)、赖氨酸脱羧酶试验培养基(附录 A.18)、糖发酵管(附录 A.19)、邻硝基酚 β-D 半乳糖苷(ONPG)培养基(附录 A.20)、半固体琼脂培养基(附录 A.21)、丙二酸钠培养基(附录 A.22)、靛基质试剂(见附录 B.5)。

四、检验程序

沙门氏菌检验程序如图 4-1 所示。

五、实验步骤

(一)预增菌

称取 25 g(mL)样品,放入盛有 225 mL BPW 培养基的无菌均质杯中,以 8 000 ~ 10 000 r/min 均质 1 ~ 2 min,或置于盛有 225 mL BPW 培养基的无菌均质袋中,用拍击式均质器拍打 1 ~ 2 min。若样品为液态,直接振荡混匀即可。若需要调整 pH 值,可用 1 mol/L 无菌氢氧化钠或盐酸调 pH 值至 6.8±0.2。无菌操作将样品转至 500 mL 锥形瓶中,如使用均质袋,可直接进行培养,于 36 ℃±1 ℃培养 8 ~ 18 h。

注意:若检测样品为冷冻产品,应在 45 ℃以下不超过 15 min,或 2 ~ 5 ℃不超过 18 h解冻。

(二)选择性增菌

轻轻摇动预培养菌培养物,无菌操作吸取 1 mL 转种于 10 mL TTB 增菌液内,于 42 ℃±1 ℃培养 18 ~ 24 h。同时,另吸取 1 mL 转种于 10 mL SC 增菌液内,于 36 ℃± 1 ℃培养 18 ~ 24 h。

可将预增菌的培养物在 2 ~ 5 ℃冰箱保存不超过 72 h,再进行选择性增菌。

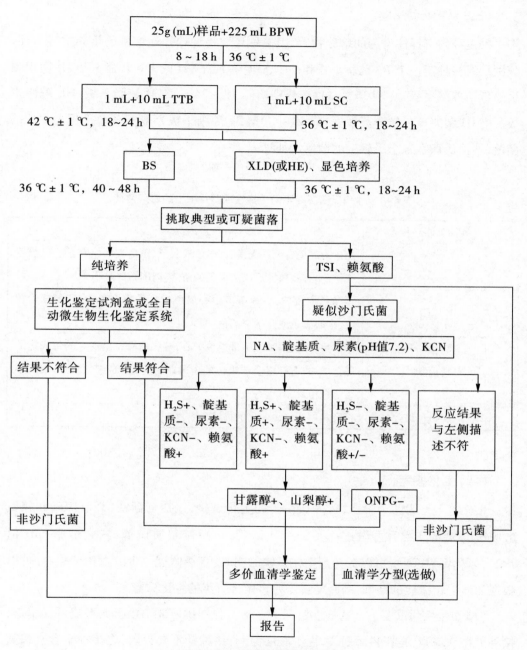

图4-1　沙门氏菌检验程序

(三)平板分离

振荡混匀选择性增菌的培养物后,用接种环取每种选择性增菌的培养物各 1 环,分别划线接种于一个 BS 琼脂平板和一个 XLD 琼脂平板(或 HE 琼脂平板,沙门氏菌属显色培养基平板)。于 36 ℃±1 ℃分别培养 18~24 h(XLD 琼脂平板、HE 琼脂平板、沙门氏菌属显色培养基平板)或 40~48 h(BS 琼脂平板),观察各个平板上生长的菌落,沙门氏菌在各个平板上的菌落特征见表 4-1。

表 4-1 沙门氏菌属在不同选择性琼脂平板上的菌落特征

选择性琼脂平板	沙门氏菌
BS 琼脂	菌落为黑色有金属光泽、棕褐色或灰色,菌落周围培养基可呈黑色或棕色;有些菌株形成灰绿色的菌落,周围培养基不变
HE 琼脂	蓝绿色或蓝色,多数菌落中心黑色或几乎全黑色;有些菌株为黄色,中心黑色或几乎全黑色
XLD 琼脂	菌落呈粉红色,带或不带黑色中心,有些菌株可呈现大的带光泽的黑色中心,或呈现全部黑色的菌落;有些菌株为黄色菌落,带或不带黑色中心
沙门氏菌属显色培养基	符合相应产品说明书的描述

(四)生化鉴定

生化鉴定分为两个阶段,首先做初步的生化试验,包括三糖铁(TSI)琼脂和赖氨酸脱羧酶试验。然后再做进一步的生化试验,包括靛基质试验、尿素琼脂(pH 值 7.2)、氰化钾(KCN),可以在初步生化试验的同时,直接做进一步的生化试验,也可以根据初步生化试验的结果,判断是否需要再做进一步的生化试验。

(1)初步生化试验 从选择性鉴别培养基上分别挑取 2 个以上典型或可疑菌落,接种三糖铁琼脂,先在斜面划线,再于底层穿刺;接种针不要灭菌,先接种于含有赖氨酸脱羧酶试验培养基和赖氨酸脱羧酶对照培养基的生化管内,然后接种于营养琼脂平板。

赖氨酸脱羧酶试验培养基和赖氨酸脱羧酶对照培养基的生化管接种后需加无菌液体石蜡覆盖培养基液面。上述培养基接种后于 36 ℃±1 ℃培养 18~24 h,必要时可

延长至 48 h。

在三糖铁琼脂和赖氨酸脱羧酶培养基内,沙门氏菌属的反应结果见表 4-2。

表 4-2　沙门氏菌属在三糖铁琼脂和赖氨酸脱羧酶试验培养基内的反应结果

三糖铁琼脂				赖氨酸脱羧酶试验培养基	初步判断
斜面	底层	产气	硫化氢		
K	A	+(−)	+(−)	+	可疑沙门氏菌属
K	A	+(−)	+(−)	−	可疑沙门氏菌属
A	A	+(−)	+(−)	+	可疑沙门氏菌属
A	A	+/−	+/−	−	非沙门氏菌
K	K	+/−	+/−	+/−	非沙门氏菌

注:K 表示产碱,A 表示产酸;+表示阳性,−表示阴性; +(−)表示多数阳性,少数阴性;+/−表示阳性或阴性。

赖氨酸脱羧酶试验阳性:对照管为黄色,试验管为紫色;赖氨酸脱羧酶试验阴性:对照管与试验管均为黄色。

(2)进一步的生化试验　对初步判断为非沙门氏菌者,则可直接报告样品中未检出沙门氏菌。对疑似沙门氏菌者,从营养琼脂平板上挑取其纯培养物分别接种于装有蛋白胨水(供做靛基质试验)的生化管内、装有尿素琼脂(pH 值 7.2)的生化管内、装有氰化钾(KCN)培养基和对照培养基(不含 KCN)的生化管内。装有氰化钾(KCN)培养基和对照培养基的生化管需滴加无菌液体石蜡覆盖培养基表面。也可在接种三糖铁琼脂和赖氨酸脱羧酶试验培养基的同时,接种以上 3 种生化试验培养基。

上述培养基接种后于 36 ℃±1 ℃培养 18～24 h,必要时可延长至 48 h。培养结束后,硫化氢(H_2S)试验、氰化钾(KCN)试验和尿素酶试验直接观察结果,而靛基质试验需往装有蛋白胨水的生化管内滴加 Kovacs 试剂 2～3 滴,摇匀后数秒内观察结果,按表 4-3 判定结果。并将已挑菌落的平板于 2～5 ℃保存,以备必要时复查。

表4-3　沙门氏菌属生化反应初步鉴别

反应序号	硫化氢	靛基质	尿素（pH 值 7.2）	氰化钾（KCN）	赖氨酸脱羧酶
A1	+	−	−	−	+
A2	+	+	−	−	+
A3	−	−	−	−	+/−

注：+表示阳性；−表示阴性；+/−表示阳性或阴性。

靛基质试验阳性：出现玫红色环；靛基质试验阴性：不变色（黄色环）。

尿素酶阳性：培养基呈红色；尿素酶阴性：培养基呈黄色或不变色。

氰化钾阳性：试验管与对照管均生长；氰化钾阴性：对照管生长,试验管不生长。

1）符合表4-3 中 A1 者,为沙门氏菌典型的生化反应,进行血清学鉴定后报告结果。尿素、氰化钾和赖氨酸脱羧酶中若有一项不符合 A1,按表4-4 进行结果判断;若有两项不符合 A1,判断为非沙门氏菌并报告结果。

表4-4　沙门氏菌属生化反应初步鉴别

尿素（pH 值 7.2）	氰化钾	赖氨酸脱羧酶	判定结果
−	−	−	甲型副伤寒沙门氏菌（要求血清学鉴定结果）
−	+	+	沙门氏菌 IV 或 V（要求符合本群生化特性）
+	−	+	沙门氏菌个别变体（要求血清学鉴定结果）

注：+表示阳性；−表示阴性。

2）符合表4-3 中 A2 者,补做甘露醇和山梨醇试验,沙门氏菌（靛基质阳性变体）的甘露醇和山梨醇试验结果均为阳性。生化试验结果符合沙门氏菌者,结果均为阳性,但需要结合血清学鉴定结果进行判定。

3）符合表4-3 中 A3 者,补做 ONPG 试验。沙门氏菌的 ONPG 试验结果为阴性,且赖氨酸脱羧酶试验结果为阳性,但甲型副伤寒沙门氏菌的赖氨酸脱羧酶试验结果为

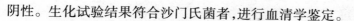

阴性。生化试验结果符合沙门氏菌者,进行血清学鉴定。

4)必要时按表4-5进行沙门氏菌生化群的鉴别。

表4-5　沙门氏菌属各生化群的鉴别

项目	I	II	III	IV	V	VI
卫矛醇	+	+	−	−	+	−
山梨醇	+	+	+	+	+	−
水杨苷	−	−	−	+	−	−
ONPG	−	−	+	−	+	−
丙二酸盐	−	+	+	−	−	−
氰化钾	−	−	−	+	+	−

注：+表示阳性；−表示阴性。

（3）如选择生化鉴定试剂盒或全自动微生物生化鉴定系统,取典型或可疑菌落纯培养物,按生化鉴定试剂盒或全自动微生物生化鉴定系统的操作说明进行鉴定。

（五）血清学鉴定

1. 培养物自凝性检查

一般采用 1.2% ~ 1.5% 琼脂培养物作为玻片凝集试验用的抗原。首先排除自凝集反应,在洁净的玻片上滴加一滴生理盐水,将待试培养物混合于生理盐水滴内,使成为均一性的混浊悬液,再将玻片轻轻摇动 30 ~ 60 s,在黑色背景下观察反应(必要时用放大镜观察),若出现可见的菌体凝集,即认为有自凝性,反之无自凝性。对无自凝性的培养物参照下面方法进行血清学鉴定。

2. 多价菌体抗原(O)鉴定

在玻片上划出两个约 1 cm×2 cm 的区域,挑取一环待测菌,各放 1/2 环于载玻片上的每一区域上部,在其中一个区域下部加一滴多价菌体(O)抗血清,在另一区域下部加入一滴生理盐水,作为对照。再用无菌的接种环或针分别将两个区域内的菌落研成乳状液。将玻片倾斜摇动混合 1 min,并对着黑暗背景观察,任何程度的凝集现象皆为阳性反应。O 血清不凝集时,将菌株接种在琼脂量较高的(如 2% ~3%)培养基上再检查;如果是由于 Vi 抗原的存在而阻止了 O 凝集反应时,可挑取菌苔于 1 mL 生理盐水中做成浓菌液,于酒精灯火焰上煮沸后再检查。

3. 多价鞭毛抗原(H)鉴定

操作同2。H 抗原发育不良时,将菌株接种在0.55% ~0.65%半固体琼脂平板的中央,待菌落蔓延生长时,在其边缘部分取菌检查;或将菌株通过接种装有0.3% ~ 0.4%半固体琼脂的小玻管1 ~ 2次,自远端取菌培养后再检查。

六、实验结果与报告

(1)图片结果记录:提供选择性增菌前后的图片;提供平板分离结果图片,并标出拟进行生化鉴定的可疑菌落;血清鉴定结果。

(2)食品中沙门氏菌检验结果记录,见表4-6。

表4-6　食品中沙门氏菌检验结果记录

菌株来源	菌株编号	三糖铁琼脂				赖氨酸脱羧酶	靛基质	尿素(pH值7.2)	氰化钾	甘露醇	山梨醇	ONPG	血清学鉴定	是否为沙门氏菌
		斜面	底层	产气	硫化氢									
BS 琼脂														
HE 琼脂														

(3)综合以上生化试验和血清学鉴定的结果,报告 25 g (mL)样品中检出或未检出沙门氏菌属。

七、思考题

(1)沙门氏菌在检测前为什么要先进行两步的增菌?

(2)为何选择性增菌要用 BS 与 SC 两种培养基? 其选择的原因是什么?

(3)平板分离沙门氏菌的培养基为何要用选择性鉴别培养基?

(4)三糖铁琼脂接种操作要注意什么? 请分析沙门氏菌三糖铁试验现象的原因。

（5）沙门氏菌检测为什么要做血清学鉴定？

第二节　食品中副溶血性弧菌的检验

一、实验目的

（1）了解食品中副溶血性弧菌检验的安全学意义。
（2）掌握副溶血性弧菌检验的原理与方法。
（3）掌握副溶血性弧菌的生物学特性和病原特性。

二、实验原理

副溶血性弧菌为革兰氏阴性菌,呈弧状、杆状、丝状等多种形状,无芽孢,有鞭毛。副溶血性弧菌是一种嗜盐性细菌,在无盐条件下不生长,在含 3% ~ 4% 的氯化钠培养基中生长良好,氯化钠含量超过 8% 不生长。该菌最适生长温度为 30 ~ 37 ℃,最适 pH 值为 7.4 ~ 8.2。副溶血性弧菌是一种海洋细菌,主要来源于鱼、虾、蟹、贝类和海藻等海产品。进食含有该菌的食物可引起食物中毒,临床上以急性起病,腹痛、呕吐、腹泻及水样便为主要症状。

硫代硫酸盐-柠檬酸钠盐-胆盐-蔗糖(TCBS)琼脂培养基用于从鱼、海鲜和动物源性生物样本中分离霍乱弧菌和其他肠道致病性弧菌,特别是副溶血性弧菌。配方中多价蛋白胨、酵母膏粉提供碳氮源、维生素和生长因子;氯化钠可刺激弧菌的生长;蔗糖是可发酵的糖类;胆酸钠、牛胆汁粉、硫代硫酸钠和柠檬酸钠及较高的 pH 值可抑制革兰氏阳性菌和大肠菌群;硫代硫酸钠与柠檬酸铁反应作为检测硫化氢产生的指示剂;溴麝香草酚蓝和麝香草酚蓝是 pH 指示剂。霍乱弧菌发酵蔗糖,使培养基 pH 值降低,在培养基上为黄色菌落;副溶血性弧菌不发酵蔗糖,不会使培养基 pH 值降低,因而在该培养基上为绿色菌落。但也有其他弧菌不发酵蔗糖,在 TCBS 培养基上同样为绿色菌落,因而需要对 TCBS 平板上的绿色菌落进行进一步的鉴定,才能确定是否为副溶血性弧菌。

三糖铁(TSI)琼脂培养基是细菌生化鉴定中常用的培养基,主要用于细菌发酵 3 种糖类(即葡萄糖、乳糖、蔗糖)的能力和 H_2S 生成能力。该培养基的主要成分为葡萄糖、蔗糖、乳糖、蛋白胨、硫代硫酸钠、硫酸亚铁和苯酚红等。该培养基中乳糖、蔗糖和葡萄糖的比例为 10∶10∶1,培养基中葡萄糖含量少,乳糖和蔗糖含量多。不同的细菌,由于对糖的代谢情况及产 H_2S 的不同,在三糖铁琼脂培养基上培养会出现不同的实验现象。只能利用葡萄糖的细菌,在斜面上进行有氧呼吸,培养基中少量葡萄糖被彻底氧化形成二氧化碳和水,不足以改变指示剂的颜色。或者细菌利用蛋白胨中的氨基酸脱羧作用,产生碱性物质使斜面变碱,红色加深。底部由于是在厌氧状态下,氧化-还原电位适合发酵产酸,酸类不被氧化,即使是发酵少量葡萄糖,也能使指示剂改变颜色。而发酵乳糖或蔗糖的细菌,则产生大量的酸,使整个培养基指示剂的颜色改变,呈现黄色。如培养基接种后产生黑色沉淀,是因为某些细菌能分解含硫氨基酸,生成硫化氢,硫化氢和培养基中的铁盐(Fe^{2+})和硫代硫酸盐反应,生成黑色的硫化亚铁沉淀。副溶血性弧菌不能利用蔗糖和乳糖,可发酵葡萄糖产酸不产气,不产硫化氢,有鞭毛,因此副溶血性弧菌在三糖铁琼脂培养基上的培养特征:底层变黄不变黑,无气泡,斜面颜色不变或红色加深,有动力。

食品中副溶血性弧菌的检验参考《食品安全国家标准 食品微生物学检验 副溶血性弧菌检验》(GB 4789.7—2013)的方法执行。该方法的检验程序包括样品的制备、增菌、分离、纯培养、初步鉴定和确定鉴定这几个程序。

三、检验程序

副溶血性弧菌的检验程序如图 4-2 所示。

四、实验材料

(一)主要设备

除微生物实验室常规灭菌及培养设备外,其他设备和材料如下:①恒温培养箱(36 ℃±1 ℃);②冰箱(2～5 ℃、7～10 ℃);③恒温水浴箱(36 ℃±1 ℃);④均质器或无菌乳钵;⑤天平(感量0.1 g);⑥无菌试管(18 mm×180 mm、15 mm×100 mm);⑦无菌吸管,1 mL(具0.01 mL刻度)、10 mL(具0.1 mL刻度)或微量移液器及吸头;⑧无菌锥形瓶(容量250 mL、500 mL、1 000 mL);⑨无菌培养皿(直径90 mm);⑩全自动微生物生化鉴定系统;⑪无菌手术剪刀、镊子。

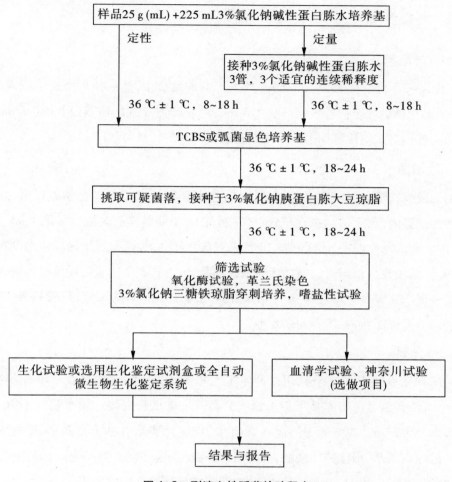

图 4-2　副溶血性弧菌检验程序

（二）主要培养基与试剂

3% 氯化钠碱性蛋白胨水培养基（附录 A.23）、硫代硫酸盐-柠檬酸钠盐-胆盐-蔗糖（TCBS）琼脂培养基（附录 A.24）、3% 氯化钠胰蛋白胨大豆琼脂培养基（附录 A.25）、3% 氯化钠三糖铁琼脂培养基（附录 A.26）、嗜盐性试验培养基（附录 A.27）、3% 氯化钠甘露醇试验培养基（附录 A.28）、3% 氯化钠赖氨酸脱羧酶试验培养基（附录 A.29）、3% 氯化钠 MR-VP 培养基（附录 A.30）、氧化酶试剂（见附录 B.9）、ONPG 试剂（见附录 B.10）和 Voges-Proskauer（V-P）试剂（见附录 B.7）。

五、实验步骤

(一)样品制备

以无菌操作称取样品 25 g(mL)并放入无菌均质袋中,然后往均质袋中倒入已灭菌的3%氯化钠碱性蛋白胨水培养基225 mL,用旋转刀片式均质器以8 000 r/min均质1 min,或拍击式均质器拍击2 min,制备成1∶10的样品匀液。

(二)增菌

用无菌吸管吸取1∶10样品匀液1 mL,注入含有9 mL 3%氯化钠碱性蛋白胨水培养基的试管内(已灭菌),振摇试管混匀,制备1∶100的样品匀液。另取1 mL无菌吸管,按上面的操作程序,依次制备10倍系列稀释样品匀液,每递增稀释一次,换用一支1 mL无菌吸管。根据对被检样污染情况的估计,选择3个适宜的连续稀释度,每个稀释度接种3支含有9 mL 3%氯化钠碱性蛋白胨水培养基的试管,每管接种1 mL。置36 ℃±1 ℃恒温箱内,培养8~18 h。

(三)分离

对所有显示生长的增菌液,用接种环在距离液面以下1 cm内蘸取一环增菌液,于TCBS平板或弧菌显色培养基平板上划线分离。一支试管划线一块平板。于36 ℃±1 ℃培养18~24 h。典型的副溶血性弧菌在TCBS琼脂培养基上呈圆形、半透明、表面光滑的绿色菌落,用接种环轻触,有类似口香糖的质感,直径2~3 mm。从培养箱取出TCBS平板后,应尽快(不超过1 h)挑取菌落或标记要挑取的菌落。

(四)纯培养

挑取3个或3个以上可疑菌落,划线接种3%氯化钠胰蛋白胨大豆琼脂平板,36 ℃±1 ℃培养18~24 h。

(五)初步鉴定

1. 氧化酶试验

在滤纸上滴几滴氧化酶试剂,用无菌接种环挑取纯培养的单个可疑菌落,涂布在氧化酶试剂湿润的滤纸上。如果滤纸在10 s之内呈现粉红色或紫红色,即为氧化酶试验阳性;不变色为氧化酶试验阴性。

2. 革兰氏染色

用接种环从可疑菌落中挑取一环,并进行涂片和固定,接着进行革兰氏染色,染色结束后用显微镜观察菌体颜色和个体形态。

3. 3%氯化钠三糖铁琼脂穿刺培养

挑取纯培养的单个可疑菌落,转种3%氯化钠三糖铁琼脂斜面并穿刺底层,36 ℃±1 ℃培养24 h,观察结果。

4. 嗜盐性试验

挑取纯培养的单个可疑菌落,分别接种0、6%、8%和10%不同氯化钠浓度的胰胨水,36 ℃±1 ℃培养24 h,观察液体混浊情况。

副溶血性弧菌检验初步鉴定的性质或(和)现象见表4-7。

表4-7 副溶血性弧菌检验初步鉴定的性质或(和)现象

序号	实验项目	性质或(和)现象
1	氧化酶试验	阳性;滤纸在10 s之内呈现粉红色或紫红色
2	革兰氏染色	阴性,菌体红色,呈棒状、弧状、卵圆状等多形态,无芽孢,有鞭毛
3	3%氯化钠三糖铁琼脂穿刺培养	副溶血性弧菌在3%氯化钠三糖铁琼脂中的反应为底层变黄不变黑,无气泡,斜面颜色不变或红色加深,有动力
4	嗜盐性试验	在无氯化钠和10%氯化钠的胰胨水中不生长或微弱生长,在6%氯化钠和8%氯化钠的胰胨水中生长旺盛

(六)确定鉴定

1. 甘露醇试验

用接种环将纯培养的单个可疑菌落,接种于含有3%氯化钠甘露醇试验培养基的生化管内,于36 ℃±1 ℃培养24 h,培养结束后观察实验结果。阳性者培养物呈黄色,阴性者培养物为绿色或蓝色。

2. 赖氨酸脱羧酶试验

用接种环将纯培养的单个可疑菌落,分别接种于含有3%氯化钠赖氨酸脱羧酶试验培养基和3%氯化钠赖氨酸脱羧酶对照培养基的生化管内,接种后需加无菌液体石蜡覆盖培养基液面,于36 ℃±1 ℃培养不少于24 h,此反应有时需延长培养至4 d,培养结束后观察实验结果。对照管黄色,试验管为紫色,则为赖氨酸脱羧酶试验阳性;对照管与试验管均为黄色,则为赖氨酸脱羧酶试验阴性。

3. VP 试验

用接种环将纯培养的单个可疑菌落,接种于含有 3% 氯化钠 MR-VP 培养基的生化管内,于 36 ℃±1 ℃ 培养 48 h。培养结束后按 6∶2 的比例依次向生化管内滴加 VP 甲液与 VP 乙液,并摇匀,4 h 之内变红为阳性,黄色则为阴性。

4. ONPG 试验

挑取一满环 3% 氯化钠三糖铁琼脂培养物接种于装有 0.25 mL 3% 氯化钠溶液的生化管内,滴加 1 滴甲苯,摇匀后置于 37 ℃ 水浴 5 min。然后往生化管内加 0.25 mL ONPG 溶液。最后将生化管置于 36 ℃±1 ℃ 培养箱中培养 24 h,培养结束后观察实验结果。培养物呈黄色为阳性,培养物不变色为阴性。

副溶血性弧菌检验确定鉴定的生化反应性质及现象见表 4-8。

表 4-8　副溶血性弧菌检验确定鉴定的生化反应性质及现象

序号	实验项目	性质	现象
1	甘露醇试验	阳性	培养物呈黄色
2	赖氨酸脱羧酶试验	阳性	对照管黄色,试验管为紫色
3	VP 试验	阴性	生化管呈现黄色
4	ONPG 试验	阴性	培养物不变色,呈无色

六、结果与报告

(1)图片结果记录:TCBS 平板或弧菌显色培养基分离结果图片;初步鉴定的结果图片;生化鉴定的结果图片。

(2)副溶血性弧菌测定结果记录,见表 4-9。

表4-9　副溶血性弧菌测定结果记录

菌株来源	菌株编号	氧化酶试验	革兰氏染色	三糖铁琼脂	嗜盐性试验	甘露醇试验	赖氨酸脱羧酶试验	VP试验	ONPG试验	是否为副溶血性弧菌	对应稀释液管的稀释度与副溶血性弧菌性质
TCBS平板1	1										
	2										
	3										
TCBS平板2	1										
	2										
	3										

注:疑似菌株符合副溶血性弧菌三糖铁培养特征与嗜盐性试验特征的分别记录为"+",否则记录为"-";本表只列出2个TCBS平板,如有2个以上TCBS平板上有疑似菌株的,结果记录方式同上。

(3)根据证实为副溶血性弧菌阳性的试管管数,查最可能数(MPN)表,报告每g(mL)副溶血性弧菌的 MPN 值。

七、思考题

(1)副溶血性弧菌在检测前为什么要进行增菌?

(2)分析副溶血性弧菌三糖铁琼脂穿刺培养实验现象的原因,且通过该实验可以验证哪些生化性状,各有哪些性质?

第三节　食品中金黄色葡萄球菌的检验

一、实验目的

(1)了解食品中金黄色葡萄球菌检验的安全学意义。

(2)掌握金黄色葡萄球菌检验的原理与方法。

(3)掌握金黄色葡萄球菌的生物学特性和病原特性。

二、实验原理

金黄色葡萄球菌为革兰氏阳性球菌,直径为 0.5～1.5 μm,堆积排列呈葡萄状,无芽孢,无鞭毛。该菌有较高的耐盐性,可在 7.5% 的氯化钠肉汤中生长。该菌需氧或兼性厌氧,最适生长温度为 37 ℃,最适生长 pH 值为 7.4。金黄色葡萄球菌在自然界中无处不在,空气、水、灰尘及人和动物的排泄物中都可找到。因此,食品受其污染的机会很多。

金黄色葡萄球菌的检验按照《食品安全国家标准 食品微生学检验 金黄色葡萄球菌检验》(GB 4789.10—2016)的方法执行。该方法通过 Baird-Parker 平板培养、血平板培养和血浆凝固酶试验这几个实验来对金黄色葡萄球菌进行鉴定。Baird-Parker 琼脂主要用于金黄色葡萄球菌的选择性分离培养,培养基中主要成分有胰蛋白胨、牛肉膏、酵母膏、丙酮酸钠、甘氨酸、氯化锂、卵黄和亚碲酸钾等。丙酮酸钠和甘氨酸刺激葡萄球菌的生长,氯化锂和亚碲酸钾抑制非葡萄球菌,含有卵磷脂酶的金黄色葡萄球菌降解卵黄使菌落产生透明圈,而脂酶作用产生不透明的沉淀环,凝固酶阳性的金黄色葡萄球菌还能还原亚碲酸钾产生黑色菌落。金黄色葡萄球菌在 Baird-Parker 平板上的菌落特征:颜色呈灰黑色至黑色,有光泽,常有浅色(非白色)的边缘,周围绕以不透明圈(沉淀),其外常有一条清晰带。金黄色葡萄球菌能产生 β-溶血素,在血平板上培养会出现 β-溶血现象。血浆凝固酶试验是判断金黄色葡萄球菌的致病力的重要手段,同时也是金黄色葡萄球菌重要的鉴别手段。血浆凝固酶能被血浆中的协同因子激活变成凝血酶类似物,进而催化可溶性纤维蛋白原变为不溶性纤维蛋白,从而使血浆凝固。

《食品安全国家标准 食品微生学检验 金黄色葡萄球菌检验》(GB 4789.10—2016)共有 3 法。第一法为金黄色葡萄球菌的定性检验;第二法为金黄色葡萄球菌的平板计数法,适用于金黄色葡萄球菌含量较高的食品中金黄色葡萄球菌的计数;第三法为金黄色葡萄球菌的 MPN 计数法,适用于金黄色葡萄球菌含量较低的食品中金黄色葡萄球菌的计数。本节内容的实验为第二法。

三、实验材料

(一)主要设备

除微生物实验室常规灭菌及培养设备外,其他设备和材料如下:①恒温培养箱

(36 ℃±1 ℃);②冰箱(2～5 ℃);③恒温水浴箱(36～56 ℃);④天平(感量 0.1 g);⑤均质器;⑥振荡器;⑦无菌吸管,1 mL(具 0.01 mL 刻度)、10 mL(具 0.1 mL 刻度)或微量移液器及吸头;⑧无菌锥形瓶(容量 100 mL、500 mL);⑨无菌培养皿(直径 90 mm);⑩涂布棒;⑪pH 计或 pH 比色管或精密 pH 试纸。

(二)主要培养基与试剂

Baird-Parker 琼脂培养基(见附录 A.32)、血琼脂培养基(见附录 A.31)、营养琼脂培养基(见附录 A.1)、脑心浸出液肉汤(BHI)培养基(见附录 A.33)、兔血浆(见附录 B.11)、无菌磷酸盐缓冲液(见附录 B.3)、无菌生理盐水(见附录 B.4)、革兰氏染色液(见附录 B.8)。

四、检验程序

金黄色葡萄球菌平板计数法检验程序如图 4-3 所示。

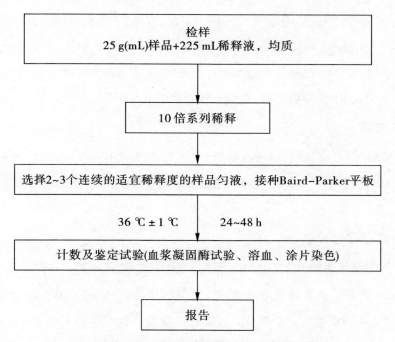

图 4-3　金黄色葡萄球菌平板计数法检验程序

五、实验步骤

(一)样品的稀释

以无菌操作称取样品 25 g(mL)并放入无菌均质袋中,然后往均质袋中倒入已灭菌的磷酸盐缓冲液或生理盐水 225 mL,用旋转刀片式均质器以 8 000 r/min 均质 1 min,或拍击式均质器拍击 2 min,制备成 1∶10 的样品匀液。用无菌移液枪吸取 1∶10样品匀液 1 mL,注入含有 9 mL 磷酸盐缓冲液或生理盐水的试管内(已灭菌),振摇试管混匀,制备 1∶100 的样品匀液。移液枪替换一支 1 mL 无菌移液枪头,按上面的操作程序,依次制备 10 倍系列稀释样品匀液,每递增稀释一次,移液枪换用一支 1 mL 无菌移液枪头。

(二)样品的接种

根据对样品污染状况的估计,选择 2~3 个适宜稀释度的样品匀液(液体样品可包括原液),在进行 10 倍递增稀释的同时,每个稀释度分别吸取 1 mL 样品匀液以 0.3 mL、0.3 mL、0.4 mL 接种量分别加入 3 块 Baird-Parker 平板,然后用无菌涂布棒涂布整个平板,注意不要触及平板边缘。使用前,如 Baird-Parker 平板表面有水珠,可放在 25~50 ℃的培养箱里干燥,直到平板表面的水珠消失。

(三)培养

在通常情况下,涂布后,将平板静置 10 min,如样液不易吸收,可将平板放在培养箱 36 ℃±1 ℃培养 1 h;等样品匀液吸收后翻转平板,倒置后于 36 ℃±1 ℃培养 24~48 h。

(四)典型菌落计数

金黄色葡萄球菌在 Baird-Parker 平板上呈圆形,表面光滑、凸起、湿润,菌落直径为 2~3 mm,颜色呈灰黑色至黑色,有光泽,常有浅色(非白色)的边缘,周围绕以不透明圈(沉淀),其外常有一条清晰带。选择有典型的金黄色葡萄球菌菌落的平板,且同一稀释度 3 个平板所有菌落数合计在 20~200 CFU 的平板,计数典型菌落数。

(五)可疑菌落的鉴定

每一个稀释度从典型菌落中至少选 5 个可疑菌落(小于 5 个全选),并做上标记,进行鉴定试验。分别做染色镜检、血浆凝固酶试验和血平板培养试验。

1. 革兰氏染色

将标记的可疑菌落涂片,进行革兰氏染色,然后用显微镜镜检观察形态。金黄色葡萄球菌为革兰氏阳性菌,即菌体为紫色,排列呈葡萄球状。

2. 血浆凝固酶试验

用接种环挑取 Baird-Parker 平板上标记的可疑菌落,分别接种到装有 5 mL BHI 的无菌试管中,36 ℃±1 ℃培养 18~24 h,得到 BHI 培养物。往装有冻干兔血浆的小试剂瓶中加入 0.5 mL 无菌生理盐水,并摇匀,然后往小试剂瓶中加入 0.2 mL BHI 培养物,振荡摇匀,置于 36 ℃±1 ℃恒温箱或水浴箱内,每 0.5 h 观察一次,观察 6 h。金黄色葡萄球菌血浆凝固酶试验为阳性,即将试管倾斜或倒置时,呈现凝块,或凝固体积大于原体积的一半。

3. 血平板培养试验

用接种环挑取 Baird-Parker 平板上标记的可疑菌落,分别划线接种于血平板,然后于 36 ℃±1 ℃培养 18~24 h。培养结束后观察实验结果。金黄色葡萄球菌在血平板上形成菌落较大、圆形、光滑凸起、湿润、金黄色(有时为白色),菌落周围可见完全透明溶血圈。

六、结果计算

(一)计算方法

金黄色葡萄球菌平板计数法的计算公式见表4-10。

表4-10 金黄色葡萄球菌平板计数法的计算公式

序号	情况	计算公式
1	只有一个稀释度平板的典型菌落数在 20~200 CFU	
2	最低稀释度平板的典型菌落数小于 20 CFU	
3	某一稀释度平板的典型菌落数大于 200 CFU,但下一稀释度平板上没有典型菌落	公式(4-1)
4	某一稀释度平板的典型菌落数大于 200 CFU,而下一稀释度平板上虽有典型菌落,但不在 20~200 CFU 范围内	
5	2 个连续稀释度的平板典型菌落数均在 20~200 CFU	公式(4-2)

(二)计算公式

$$T = \frac{AB}{Cd} \tag{4-1}$$

式中：T——样品中金黄色葡萄球菌菌落数；

A——某一稀释度典型菌落的总数；

B——某一稀释度鉴定为阳性的菌落数；

C——某一稀释度用于鉴定试验的菌落数；

d——稀释因子。

$$T = \frac{(A_1 B_1 / C_1) + (A_2 B_2 / C_2)}{1.1 d} \tag{4-2}$$

式中：T——样品中金黄色葡萄球菌菌落数；

A_1——第一稀释度(低稀释倍数)典型菌落的总数；

B_1——第一稀释度(低稀释倍数)鉴定为阳性的菌落数；

C_1——第一稀释度(低稀释倍数)用于鉴定试验的菌落数；

A_2——第二稀释度(高稀释倍数)典型菌落的总数；

B_2——第二稀释度(高稀释倍数)鉴定为阳性的菌落数；

C_2——第二稀释度(高稀释倍数)用于鉴定试验的菌落数；

1.1——计算系数；

d——稀释因子(第一稀释度)。

七、结果与报告

(1)金黄色葡萄球菌测定结果记录,见表4-11。

表4-11　黄色葡萄球菌测定结果记录

典型菌落计数结果	稀释度	疑似菌落数/CFU (0.3 mL)	疑似菌落数/CFU(0.3 mL)	疑似菌落数/CFU (0.4 mL)	合计菌落数/CFU
	稀释度1				
	稀释度2				

续表4-11

可疑菌株鉴定结果（稀释度1）	菌株编号	革兰氏染色	溶血现象	血浆凝固酶	是否为金黄色葡萄球菌	阳性菌数量/个
	菌株1					
	菌株2					
	菌株3					
	菌株4					
	菌株5					

注：稀释度2的可疑菌株鉴定结果记录方式同稀释度1的结果记录方式。

（2）图片结果记录：Baird-Parker平板培养后图片；疑似菌的革兰氏染色、血平板培养和血浆凝固酶试验的结果图片。

（3）根据公式（4-1）、公式（4-2）计算结果，报告每g（mL）样品中金黄色葡萄球菌数，以CFU/g（mL）表示。

八、思考题

（1）《食品安全国家标准 食品微生物学检验 金黄色葡萄球菌检验》（GB 4789.10—2016）中金黄色葡萄球菌检验有几种方法？各适用于哪些情况？

（2）Baird-Parke培养基包含哪几种主要成分，各有何功能？

（3）金黄色葡萄球菌在Baird-Parke培养基培养有何菌落特征？

（4）金黄色葡萄球菌在血平板上培养有何特征，为什么？

（5）金黄色葡萄球菌血浆凝固酶试验现象是什么？为什么？

食品中存在种类繁多的酵母菌和霉菌，尤其收获之前与储藏期间的作物(如谷物、坚果、大豆和水果)中存在酵母菌和霉菌。另外，在加工食品中也容易污染酵母菌和霉菌。通常，酵母菌与霉菌可以造成食品腐败，甚至产生毒素，并且这些毒素物质在食品的加工和烹调过程中不易被破坏。因此，食品中霉菌与酵母菌的数量及产生毒素对于公众健康来说也是不容忽视的指标。目前，已有若干个国家制定了某些食品中霉菌和酵母菌的限量标准。我国也制定了一些食品中霉菌和酵母菌的限量标准。

第五章

食品中真菌的检验

第一节　食品中霉菌和酵母菌的计数

一、实验目的

（1）掌握食品中霉菌和酵母菌计数的检测方法。

（2）掌握马铃薯葡萄糖琼脂与孟加拉红琼脂的成分与作用。

（3）理解食品中霉菌和酵母菌计数的意义。

二、实验原理

霉菌与酵母菌的计数用于反映食品的卫生状况和杀菌处理情况。食品中霉菌和酵母菌的计数按照《食品安全国家标准　食品微生物学检验　霉菌和酵母计数》（GB 4789.15—2016）的方法执行。该标准中包括霉菌和酵母菌的平板计数法与霉菌直接镜检法两种计数法。平板计数法适用于各类食品中霉菌和酵母菌计数；直接镜检法适用于番茄酱和番茄汁中霉菌的计数。本节实验中,我们采用平板计数法对食品中霉菌和酵母菌进行计数。

在一般情况下,多数的酵母菌和霉菌生长过程中需要氧气,它们的生长速率比细菌要缓慢。因此,在培养时应设法抑制细菌的干扰。通常采用选择性培养基和降低培养温度可以延缓或抑制细菌的生长,从而促进了酵母菌和霉菌的生长。通常,在真菌计数培养基中,添加氯霉素等抗生素或孟加拉红可以抑制细菌的生长和过多菌丝的形成。添加孟加拉红的培养基上生长的霉菌菌落较为致密,而且生长的菌落背面显出较浓的红色,有助于计数。但孟加拉红溶液对光敏感,易分解成一种黄色的有细胞毒作用的物质。因此,孟加拉红溶液储存时应避光。孟加拉红琼脂培养基被我国标准采用,然而美国 FDA 尚未认可。

三、实验材料

（一）主要设备

除微生物实验室常规灭菌及培养设备外,其他设备和材料如下:①恒温培养箱（28 ℃±1 ℃）;②无菌培养皿（直径 90 mm）;③恒温水浴箱（46 ℃±1 ℃）;④天平（感量为 0.1 g）；⑤拍击式均质器及均质袋；⑥振荡器；⑦无菌吸管，1 mL（具 0.01 mL 刻度）、10 mL（具 0.1 mL 刻度）或微量移液器及吸头；⑧无菌锥形瓶（容量 500 mL）。

（二）主要培养基与试剂

马铃薯-葡萄糖琼脂培养基（见附录 A.34）、孟加拉红培养基（见附录 A.35）、无菌生理盐水（见附录 B.4）、无菌磷酸盐缓冲液（见附录 B.3）。

四、检验程序

霉菌和酵母菌平板计数法的检验程序如图 5-1 所示。

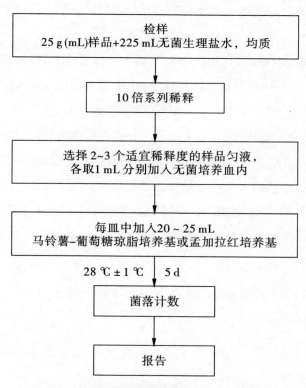

图 5-1　霉菌和酵母菌平板计数法的检验程序

五、操作步骤

(一)样品的稀释

1. 样品的处理

(1)固体和半固体样品:称取 25 g 样品至盛有 225 mL 无菌生理盐水的锥形瓶中,充分振摇,即为 1∶10 稀释液。或放入盛有 225 mL 无菌蒸馏水的均质袋中,用拍击式均质器拍打 2 min,制成 1∶10 的样品匀液。

(2)液体样品:以无菌吸管吸取 25 mL 样品至盛有 225 mL 无菌蒸馏水的锥形瓶中(可在瓶内预置适当数量的无菌玻璃珠),充分混匀,制成 1∶10 的样品匀液。

2. 样品的稀释

取 1 mL 1∶10 稀释液注入含有 9 mL 无菌水的试管中,另换一支 1 mL 无菌吸管反复吹吸,此液为 1∶100 稀释液。同样操作,依次制备 10 倍系列浓度的稀释样品匀液。注意每递增稀释一次,换用 1 次 1 mL 无菌吸管。

根据对样品污染状况的估计,选择 2~3 个适宜稀释度的样品匀液(液体样品可包括原液),在进行 10 倍递增稀释的同时,每个稀释度分别吸取 1 mL 样品匀液于 2 个无菌平皿内。同时分别取 1 mL 样品稀释液加入 2 个无菌平皿作空白对照。

及时将 20~25 mL 冷却至 46 ℃的马铃薯-葡萄糖琼脂培养基或孟加拉红培养基(可放置于 46 ℃±1 ℃恒温水浴箱中保温)倾注平皿,并转动平皿使其混合均匀。

(二)培养

待琼脂凝固后,将平板倒置,28 ℃±1 ℃培养 5 d,观察并记录。

(三)菌落计数

肉眼观察,必要时可用放大镜,记录各稀释倍数和相应的霉菌和酵母菌数。以菌落形成单位(colony forming units,CFU)表示。

选取菌落数在 10~150 CFU 的平板,根据菌落形态分别计数霉菌和酵母菌数。霉菌蔓延生长覆盖整个平板的可记录为多不可计。菌落数应采用两个平板的平均数。

六、结果计算与报告方法

(一)结果计算方法

(1)计算同一稀释度的两个平板菌落数的平均值,再将平均值乘以相应稀释倍数计算。

（2）若有两个稀释度平板上菌落数均在 10 ~ 150 CFU,则按照（GB 4789.2—2016）相应规定进行计算。

（3）若所有平板上菌落数均大于 150 CFU,则对稀释度最高的平板进行计数,其他平板可记录为多不可计,结果按平均菌落数乘以最高稀释倍数计算。

（4）若所有平板上菌落数均小于 10 CFU,则应按稀释度最低的平均菌落数乘以稀释倍数计算。

（5）若所有稀释度（包括液体样品原液）平板均无菌落生长,则以小于 1 乘以最低稀释倍数计算。

（6）若所有稀释度的平板菌落数均不在 10 ~ 150 CFU,其中一部分小于 10 CFU 或大于 150 CFU 时,则以最接近 10 CFU 或 150 CFU 的平均菌落数乘以稀释倍数计算。

（二）结果报告方法

（1）菌落数在 100 以内时,按"四舍五入"原则修约,采用两位有效数字报告。

（2）菌落数大于或等于 100 时,前 3 位数字采用"四舍五入"原则修约后,取前 2 位数字,后面用 0 代替位数来表示结果;也可用 10 的指数形式来表示,此时也按"四舍五入"原则修约,采用两位有效数字。

（3）以 CFU/g 或 CFU/mL 为单位进行报告,报告或分别报告霉菌和（或）酵母菌数。

七、结果与报告

（1）图片结果的记录:平板培养的结果图片。

（2）霉菌与酵母菌计数的测定结果记录,见表 5-1。

表 5-1　霉菌与酵母菌计数的测定结果记录

稀释倍数			
1 皿霉菌与酵母菌菌落数/CFU			
2 皿霉菌与酵母菌菌落数/CFU			

(3)根据霉菌与酵母菌计数的测定记录,按照上述结果计算方法进行计算,报告每 g(mL)食品的霉菌与酵母菌菌落数。

八、思考题

(1)如何对酵母菌和霉菌进行选择性计数?

(2)霉菌和酵母菌计数与细菌计数有什么不同?

(3)分离真菌培养基添加氯霉素的作用是什么?

(4)孟加拉红琼脂培养基添加孟加拉红有何作用,使用时注意什么?

第二节 花生中黄曲霉及其毒素的测定

一、实验目的

(1)掌握黄曲霉的形态鉴定方法。

(2)了解目前黄曲霉毒素检验的方法。

(3)掌握高效液相色谱-柱前衍生法的测定方法及原理。

二、实验原理

黄曲霉是一种广泛分布的环境习居菌,常在种植、储藏、加工、运输过程污染玉米、花生等富含脂肪酸的粮食及相关食品和饲料,并可能产生多种有毒次生代谢产物。其中,黄曲霉毒素是黄曲霉产生的最主要真菌毒素之一,是公认的一类致癌物,并且也是迄今为止发现的理化性质最稳定的真菌毒素,一旦污染发生,很难通过物理或化学的手段去除,并会通过代谢和加工过程在食物或饲料中富集。因此,黄曲霉毒素污染将严重影响农产品质量安全,也将带来巨大的经济损失和贸易争端。更重要的是,黄曲霉毒素具有高毒性、高致癌性、致突变性和免疫抑制性,严重威胁人畜健康。

黄曲霉毒素是一类二氢呋喃香豆素衍生物,目前根据荧光颜色及结构已分离鉴别20余种,其中毒性最强的为 B 族(蓝色,AFT B$_1$ 和 AFT B$_2$)和 G 族(绿色,AFT G$_1$ 和 AFT G$_2$)。黄曲霉毒素因为其高毒性和高致癌性而广泛受到关注,长期暴露于黄曲霉毒素会导致人和牲畜的免疫抑制、营养代谢不良、不孕、先天畸形、内分泌紊乱以及严重的肝细胞癌变。对此,市场有关监管部门必须加强对粮油等食品中黄曲霉毒素的科

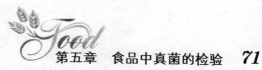

学检测分析工作,综合应用先进的检测设备与技术方法,不断提高粮油食品安全质量检测水平,充分维护消费者的合法权益。

本实验首先采用分离培养的方法,从花生中分离出黄曲霉疑似菌株,并参考《食品安全国家标准 食品微生物学检验 常见产毒霉菌的形态学鉴定》(GB 4789.16—2016)的方法对黄曲霉疑似菌株进行形态学鉴定。

并根据《食品安全国家标准 食品中黄曲霉毒素 B 族和 G 族的测定》(GB 5009.22—2016)中的第二法(高效液相色谱-柱前衍生法)对花生中的黄曲霉毒素进行检测。主要是先将试样中的黄曲霉毒素 B_1、黄曲霉毒素 B_2、黄曲霉毒素 G_1、黄曲霉毒素 G_2 用乙腈-水溶液或甲醇-水溶液的混合溶液提取,提取液再经黄曲霉毒素固相净化柱净化去除脂肪、蛋白质、色素及碳水化合物等干扰物质,然后净化液用三氟乙酸柱前衍生,液相色谱分离,最后用荧光检测器检测,外标法定量。

三、实验材料

(一)主要设备

1.花生中黄曲霉分离及鉴定

除微生物实验室常规灭菌及培养设备外,其他设备和材料如下:冰箱(2~5 ℃);恒温培养箱(25 ℃±1 ℃);显微镜(10~100 倍);目镜测微尺;物镜测微尺;生物安全柜;恒温水浴箱;接种钩;分离针;载玻片;盖玻片。

2.黄曲霉毒素测定

匀浆机;高速粉碎机;组织捣碎机;超声波/涡旋振荡器或摇床;天平(感量 0.01 g 和 0.000 01 g);涡旋混合器;高速均质器(转速 6 500~24 000 r/min);离心机(转速≥6 000 r/min);玻璃纤维滤纸(快速、高载量、液体中颗粒保留 1.6 μm);氮吹仪;液相色谱仪(配荧光检测器);色谱分离柱;黄曲霉毒素专用型固相萃取净化柱(以下简称净化柱);一次性微孔滤头(带 0.22 μm 微孔滤膜,所选用滤膜应采用标准溶液检验确认无吸附现象,方可使用);筛网(1~2 mm 试验筛孔径);恒温箱;pH 计。

(二)主要培养基与试剂

1.培养基

氯硝胺18%甘油培养基(DG-18)(见附录 A.36);查氏培养基(见附录 A.37)。

2. 试剂

除非另有说明,本方法所用试剂均为分析纯,水为《分析实验室用水规格和试验方法》(GB/T 6682—2008)规定的一级水。甲醇(CH_3OH,色谱纯)、乙腈(CH_3CN,色谱纯)、正己烷(C_6H_{14},色谱纯)、三氟乙酸(CF_3COOH)。

3. 试剂配制

乙腈-水溶液(84+16):取 840 mL 乙腈加入 160 mL 水。

甲醇-水溶液(70+30):取 700 mL 甲醇加入 300 mL 水。

乙腈-水溶液(50+50):取 500 mL 乙腈加入 500 mL 水。

乙腈-甲醇溶液(50+50):取 500 mL 乙腈加入 500 mL 甲醇。

4. 标准品

黄曲霉毒素 B_1(AFT B_1)标准品($C_{17}H_{12}O_6$,CAS 号:1162-65-80):纯度≥98%,或经国家认证并授予标准物质证书的标准物质。

黄曲霉毒素 B_2(AFT B_2)标准品($C_{17}H_{14}O_6$,CAS 号:7220-81-7):纯度≥98%,或经国家认证并授予标准物质证书的标准物质。

黄曲霉毒素 G_1(AFT G_1)标准品($C_{17}H_{12}O_7$,CAS 号 1165-39-5):纯度≥98%,或经国家认证并授予标准物质证书的标准物质。

黄曲霉毒素 G_2(AFT G_2)标准品($C_{17}H_{14}O_7$,CAS 号:7241-98-7):纯度≥98%,或经国家认证并授予标准物质证书的标准物质。

注:标准物质可以使用满足溯源要求的商品化标准溶液。

5. 标准溶液配制

(1)标准储备溶液(10 μg/mL):分别称取 AFT B_1、AFT B_2、AFT G_1 和 AFT G_2 1 mg(精确至 0.01 mg),用乙腈溶解并定容至 100 mL。此溶液浓度约为 10 μg/mL。溶液转移至试剂瓶中后,在-20 ℃下避光保存,备用。临用前进行浓度校准。

AFT B_1、AFT B_2、AFT G_1 和 AFT G_2 的标准浓度校准方法:用苯-乙腈(98+2)或甲苯-乙腈(9+1)或甲醇或乙腈溶液分别配 8~10 μg/mL 的 AFT B_1、AFT B_2、AFT G_1 和 AFT G_2 的标准溶液。用分光光度计在 340~370 nm 处测定溶液的吸光度,经扣除溶剂的空白试剂本底,校正比色皿系统误差后,读取标准溶液的最大吸收波长(λ_{max})处吸光度值 A_0。校准溶液实际浓度 ρ 按式(5-1)分别计算确定 AFT B_1、AFT B_2、AFT G_1 和 AFT G_2 的实际浓度。

$$\rho = A \times M \frac{1\,000}{\varepsilon} \tag{5-1}$$

式中:ρ——校准测定的 AFT B_1、AFT B_2、AFT G_1 和 AFT G_2 的实际浓度,μg/mL;

$\quad A$——λ_{max} 处测得的吸光度值;

$\quad M$——AFT B_1、AFT B_2、AFT G_1 和 AFT G_2 摩尔质量,g/mol;

$\quad \varepsilon$——溶液中 AFT B_1、AFT B_2、AFT G_1 和 AFT G_2 的吸光系数,m^2/mol。

AFT B_1、AFT B_2、AFT G_1 和 AFT G_2 的摩尔质量及摩尔吸光系数见表5-2。

表5-2　AFT B_1、AFT B_2、AFT G_1 和 AFT G_2 的摩尔质量及摩尔吸光系数

黄曲霉毒素名称	摩尔质量/(g/mol)	溶剂	摩尔吸光系数
AFT B_1	312	苯-乙腈(98+2)	19 800
		甲苯-乙腈(9+1)	19 300
		甲醇	21 500
		乙腈	20 700
AFT B_2	314	苯-乙腈(98+2)	20 900
		甲苯-乙腈(9+1)	21 000
		甲醇	21 400
		乙腈	22 500
AFT G_1	328	苯-乙腈(98+2)	17 100
		甲苯-乙腈(9+1)	16 400
		甲醇	17 700
		乙腈	17 600
AFT G_2	330	苯-乙腈(98+2)	18 200
		甲苯-乙腈(9+1)	18 300
		甲醇	19 200
		乙腈	18 900

(2)混合标准工作液(AFT B_1 和 AFT G_1 为 100 ng/mL;AFT B_2 和 AFT G_2 为 30 ng/mL):准确移取 AFT B_1 和 AFT G_1 标准储备溶液各 1 mL,AFT B_2 和 AFT G_2 标准储备溶液各 300 μL 至 100 mL 容量瓶中,乙腈定容。密封后避光-20 ℃下保存,3 个月内有效。

（3）标准系列工作溶液：分别准确移取混合标准工作液 10 μL、50 μL、200 μL、500 μL、1 000 μL、2 000 μL、4 000 μL 至 10 mL 容量瓶中，用初始流动相定容至刻度（含 AFT B$_1$ 和 AFT G$_1$ 浓度为 0.1 ng/mL、0.5 ng/mL、2.0 ng/mL、5.0 ng/mL、10 ng/mL、20 ng/mL、40 ng/mL，AFT B$_2$ 和 AFT G$_2$ 浓度为 0.03 ng/mL、0.15 ng/mL、0.6 ng/mL、1.5 ng/mL、3.0 ng/mL、6.0 ng/mL、12 ng/mL 的系列标准溶液）。

四、操作步骤

（一）花生中黄曲霉的测定

1. 花生中黄曲霉疑似菌株的分离

每个样品取 20 个花生双仁果，将荚果掰开，取一半果壳和一粒花生，用 1% 次氯酸钠表面消毒 3 min，分别接种于 DG-18 培养基上，28 ℃培养箱内黑暗培养 6 d。挑取外观上长有黄色孢子的菌落在 DG-18 培养基上进行二次划线分离，直至得到单个菌落。

2. 菌落特征观察

挑取 DG-18 培养基上的单菌落点种于查氏培养基平板上，在 25 ℃的条件下培养 5～14 d，进行菌落特征观察。黄曲霉在查氏琼脂上生长迅速，25 ℃ 7 d 直径 35～40 mm（～70 mm），12～14 d 直径达 55～70 mm；质地主要为致密丝绒状，有时稍现絮状或中央部分呈絮状，平坦或现辐射状至不规则的沟纹；分生孢子结构多，颜色为黄绿色至草绿色，初期较淡，老后稍深，大多近于浅水芹绿色，也有呈木樨绿色，暗草绿色或翡翠绿色者，有的菌株初期现黄色，近于锶黄，而后变绿。

3. 个体形态鉴定

取载玻片加乳酸-苯酚液一滴，用接种钩取一小块真菌培养物，置于乳酸-苯酚液中，用两支分离针将培养物轻轻撕成小块，切忌涂抹，以免破坏真菌结构。然后加盖玻片，如有气泡，可在酒精灯上加热排除。制片时应在生物安全柜或无菌接种罩或接种箱或手套箱内操作，以防孢子飞扬。在低倍镜下观察菌株的形态。

黄曲霉分生孢子头初为球形，后呈辐射形，（80～）200～500（～800）μm，或裂成几个疏松的柱状体，也有少数呈短柱状者；分生孢子梗大多生自基质，孢梗茎（200～）400～800（～3 000）μm×（4～）9.6～16（～20）μm，壁厚，无色，粗糙至很粗糙；顶囊近球形至烧瓶形，直径（9～）23～50（～65）μm，大部表面可育，小者仅上部可育；产孢结构双层:梗基[6.2~13.2(19~)]μm×3.2 μm×6 μm,瓶梗(6.2~12)μm×(2.4~4)μm,有的小顶囊只生瓶梗;分生孢子多为球形或近球形(2.4~)3.6~4.8(~6.4)μm,少数呈椭圆形(3.2~5.2)μm×(2.7~4.2)μm,壁稍粗糙至具小刺;有的菌株产生菌核,初为白色,老后呈褐黑色,球形或近球形,大小或数量各异,一般为(280~)420~980 μm,见图5-2。

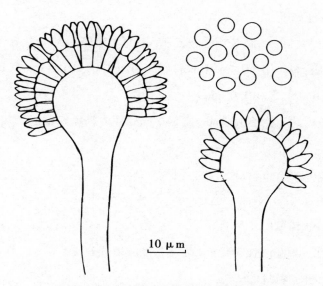

10 μm

图5-2 黄曲霉的产孢结构和分生孢子

(二)花生中黄曲霉毒素的测定

1. 样品制备

称取花生样品1.1 kg,高速粉碎后过2 mm孔径试验筛,取孔径2 mm以下的粉末样品,混合均匀作为待测试样。

2. 样品提取

称取5 g试样(精确至0.01 g)于50 mL离心管中,加入20 mL乙腈-水溶液(84+16)或甲醇-水溶液(70+30),涡旋混匀,置于超声波/涡旋振荡器或摇床中振荡20 min(或用均质器均质3 min),在6 000 r/min下离心10 min,取上清液备用。

3. 样品黄曲霉毒素固相净化柱净化

移取适量上清液,按净化柱操作说明进行净化,收集全部净化液。

4. 衍生

用移液管准确吸取4.0 mL净化液于10 mL离心管后在50 ℃下用氮气缓缓地吹

至近干,分别加入200 μL 正己烷和100 μL 三氟乙酸,涡旋30 s,在40 ℃±1 ℃的恒温箱中衍生15 min,衍生结束后,在50 ℃下用氮气缓缓地将衍生液吹至近干,用初始流动相定容至1.0 mL,涡旋30 s溶解残留物,过0.22 μm 滤膜,收集滤液于进样瓶中以备进样。

5.色谱参考条件

色谱参考条件如下:

(1)流动相:A 相——水,B 相——乙腈-甲醇溶液(50+50)。

(2)梯度洗脱:24% B (0~6.0 min),35% B (8.0~10.0 min),100% B (10.2~11.2 min),24% B (11.5~13.0 min)。

(3)色谱柱:C_{18}柱(柱长150 mm 或250 mm,柱内径4.6 mm,填料粒径5.0 μm),或相当者。

(4)流速:1.0 mL/min。

(5)柱温:40 ℃。

(6)进样体积:50 μL。

(7)检测波长:激发波长360 nm;发射波长440 nm。

(8)液相色谱图参见图5-3。

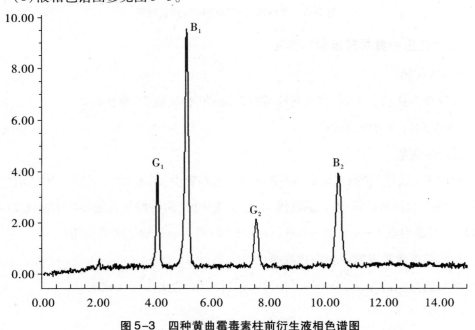

图5-3 四种黄曲霉毒素柱前衍生液相色谱图

6. 样品测定

（1）标准曲线的制作。系列标准工作溶液由低到高浓度依次进样检测，以峰面积为纵坐标，浓度为横坐标作图，得到标准曲线回归方程。

（2）试样溶液的测定。待测样液中待测化合物的响应值应在标准曲线线性范围内，浓度超过线性范围的样品则应稀释后重新进样分析。

（3）空白试验。不称取试样，按（二）的 2~4 步骤做空白实验。应确认不含有干扰待测组分的物质。

7. 结果计算

试样中 AFT B_1、AFT B_2、AFT G_1 和 AFT G_2 的残留量按式（5-2）计算：

$$X = \frac{\rho \times V_1 \times V_3 \times 100}{V_2 \times m \times 1\,000} \tag{5-2}$$

式中：X——试样中 AFT B_1、AFT B_2、AFT G_1 和 AFT G_2 的含量，$\mu g/kg$；

　　　ρ——进样溶液中 AFT B_1、AFT B_2、AFT G_1 和 AFT G_2 按照外标法在标准曲线中对应的浓度，ng/mL；

　　　V_1——试样提取液体积（按定容总体积），mL；

　　　V_3——净化液的最终定容体积，mL；

　　　$1\,000$——换算系数；

　　　V_2——净化柱净化后的取样液体积，mL；

　　　m——试样的称样量，g。

计算结果保留三位有效数字。

8. 精密度

在重复性条件下获得的两次独立测定结果的绝对差值不得超过算术平均值的 20%。

9. 其他

当称取样品 5 g 时，柱前衍生法的 AFT B_1、AFT B_2、AFT G_1 和 AFT G_2 的检出限均为 0.03 $\mu g/kg$；柱前衍生法的 AFT B_1、AFT B_2、AFT G_1 和 AFT G_2 的定量限均为 0.01 $\mu g/kg$。

五、结果与报告

（1）提供黄曲霉疑似菌株的菌落形态图、个体形态图。

(2)提供标准曲线高效液相色谱图,并给出标准曲线回归方程。

(3)提供检测样品与空白对照的高效液相色谱图。

(4)计算检测样品中 AFT B_1、AFT B_2、AFT G_1 和 AFT G_2 残留量。

六、思考题

(1)黄曲霉毒素主要由哪些微生物产生,有哪些危害?

(2)黄曲霉毒素的化学本质是什么? 有哪些化学特性?

(3)简述黄曲霉毒素检测的主要方法及其原理。

食品加工过程中对环境微生物的监控，主要包括环境微生物监控和过程产品的微生物监控，主要用于评判加工过程的卫生状况，以及找出可能存在的污染源。食品加工过程的环境微生物监控涵盖了加工过程各个环节的微生物学评估、清洁消毒效果以及微生物控制效果的评价。环境监控的取样点应为微生物可能存在或进入而导致污染的地方。生产环境的细菌污染检验，如生产用水、空气、地面和墙壁等；食品加工、储存、销售等环节的检验，包括作业人员的个人卫生状况(如手表面)、加工工具、运输车辆、操作台、工器具等食品接触面的细菌污染。

加工过程环境中的微生物监控指标应以能够评估加工环境卫生状况和过程控制能力的指示微生物(如菌落总数、大肠菌群、酵母菌和霉菌或其他指示菌)为主。必要时也可采用致病菌作为监控指标。这些微生物指标的检验方法与相应国家标准基本一致，主要是采样方法不同。

第六章

食品加工环境中的微生物检验

第一节　食品加工接触面细菌污染情况的检验

一、实验目的

(1)掌握食品加工接触面细菌污染情况的检验方法。

(2)理解食品加工接触面细菌污染情况的检验意义。

二、实验原理

食品加工接触面指食品在加工过程中直接接触食品的所有物体的表面,如加工设备和器具、包装材料、工作人员的手部、手套等。食品加工接触面直接与食品接触,因此食品加工接触面的细菌污染情况会严重影响食品的卫生质量与安全性。食品加工接触面细菌污染情况的检验参考 GB/T 18204.4—2013《公共场所卫生检验方法 第 4 部分:公共用品用具微生物》的方法。

三、实验材料

采样棉签或贴纸。其他设备与材料与相应指标的国家标准相同。

四、操作步骤

(一)采样方法

抹法(适用于表面平坦的设备和工器具的接触面):取经灭菌的规格板(内径为 5 cm×5 cm,面积为 25 cm²)放在需检查的部位上,用浸有含相应中和剂(或灭菌生理盐水)的无菌棉拭子或棉签 1 支,在规格板内横竖往返均匀涂擦各 5 次(在其内涂抹 10 次),并随之转动棉拭子,剪去手接触部位后,将棉拭子投入盛有 10 mL 含相应中和剂的无菌洗脱液或生理盐水的试管中,此液 1 mL 代表 2.5 cm²。

工人手:被检人五指并拢,用一浸湿生理盐水的棉签在右手指曲面,从指尖到指端来回涂擦 10 次,然后剪去手接触部分棉棒,将棉签放入含 10 mL 灭菌生理盐水的采样管内送检。

(二)细菌菌落总数的检验

将上述样液充分摇匀,根据卫生情况,相应地做 10 倍递增稀释,选择其中 2～3 个适合的稀释度,每个稀释度各吸 1 mL 样液,分别注入 2 个灭菌培养皿内,倾注 45 ℃普通营养琼脂,36 ℃±1 ℃培养 48 h 后计数。

$$表面细菌总数(CFU/cm^2) = \frac{平皿上菌落的平均数 \times 样液稀释倍数}{采样面积}$$

(三)其他微生物指标的检验

大肠菌群数的检验参照 GB 4789.3—2016;酵母菌和霉菌的检验参照 GB 4789.15—2016;沙门氏菌的检验参照 GB 4789.4—2016;金黄色葡萄球菌的检验参照 GB 4789.10—2016。其他指标类推。

五、结果与报告

(1)结果记录与其他相应指标相似。

(2)报告计算结果,与相应环境的卫生要求标准进行比较,并作出判断。

六、思考题

(1)简述食品接触面的采样方法。

(2)对食品接触面细菌污染情况检验的意义是什么?

第二节　食品加工车间空气中细菌总数的测定

一、实验目的

(1)掌握食品加工车间空气中细菌菌落总数测定的方法。

(2)理解食品加工车间空气中细菌总数测定的意义。

二、实验原理

空气中含有不同的微生物,有些可能引起食品的腐败变质,有些可能引起食物中毒,因此对空气中微生物的监控,也是确保食品质量安全的重要手段。对食品生产和储存环境的空气细菌定期检验是必须的。

食品加工车间空气中细菌总数的测定参照《公共场所卫生检验方法 第 3 部分:空气微生物》(GB/T 18204.3—2013)执行。该测定方法的原理:采用撞击法或自然沉降法采样,营养琼脂培养基培养计数的方法测定食品加工车间空气的细菌总数。该测定方法根据采样方式的不同,可分为自然沉降法与撞击法。

自然沉降法:将营养琼脂平板暴露在空气中,微生物根据重力作用自然沉降到平板上,经实验室培养后得到菌落数的测定方法。

撞击法:采用撞击式空气微生物采样器,使空气通过狭缝或小孔产生高速气流,从而将悬浮于空气中的微生物采集到营养琼脂平板上,经实验室培养后得到菌落数的测定方法。沉降法所测的细菌数虽欠准确,但方法简单,因此使用普遍;撞击法检测准确,但需要特殊设备。

三、实验材料

(一)主要设备

撞击式空气采样器,其他同细菌菌落总数检验。

(二)主要培养基与试剂

所需培养基与试剂同细菌菌落总数检验。

四、实验步骤

(一)自然沉降法

1. 空气采样

采样点:面积小于 50 m² 的车间,设置 3 个采样点;面积大于 50 m² 的车间设置 5 个采样点。采样点按均匀布点原则布置,车间内 3 个采样点的设置在车间对角线四等分的 3 个等分点上,5 个采样点按梅花布点。采样高度与地面垂直高度 80～150 cm(高度为一般操作距离范围),距离墙壁不小于 1 m。采样点应避开通风口与通风道等。

采样环境条件:采样时关闭门窗 15～30 min,记录车间内人员数量、温湿度与天气状况等。

采样方法:用直径为 9 cm 的普通营养琼脂平板,开盖在采样点上暴露 5 min,合上盖送检培养。

2. 细菌培养

将已采集的培养基在 6 h 内送实验室,于 36 ℃±1 ℃培养 48 h 观察结果,计数平板上细菌菌落数量。

3.菌落计算

空气中细菌菌落总数:

$$y_1 = \frac{A \times 50\,000}{S_1 \times t} \tag{6-1}$$

式中:y_1——空气中细菌菌落总数,CFU/m³;

　A——平板上平均细菌菌落总数;

　S_1——平板面积,cm²;

　t——平板暴露的时间,min。

(二)撞击法

选择撞击式空气微生物采样器基本要求:对空气中细菌捕获率达95%;操作简单,携带方便,便于消毒。

1.空气采样

采样点:面积小于50 m²的车间,设置1个采样点;面积为50~200 m²的车间,设置2个采样点;面积在200 m²以上的车间,设置3~5个采样点。采样点按均匀布点原则布置,车间内1个采样点设置在中央,2个采样点设置在车间对称点上,3个采样点设置在车间对角线四等分的3个等分点上,5个采样点按梅花布点,其他的按均匀布点原则布置。采样高度与地面垂直高度80~150 cm(高度为一般操作距离范围),距离墙壁不小于1 m。采样点应避开通风口与通风道等。

采样环境条件:采样时关闭门窗15~30 min,记录车间内人员数量、温湿度与天气状况等。

采样方法:无菌操作,采用撞击式微生物采样器以28.3 L/min 流量采集5~15 min。采样器使用按照说明书进行。

2.培养

培养和计数采样后,将带菌营养琼脂平板置于36 ℃±1 ℃培养箱中培养48 h,计数平板上菌落数量。

3.菌落计数

计算和报告结果根据采样器的流量和采样时间,换算成每立方米空气中的菌落数,报告空气中的细菌数,以 CFU/m³表示。

五、结果与报告

(1)图片结果的记录:平板培养的结果图片。

（2）数字结果的记录，见表6-1。

表6-1　食品加工车间空气中细菌总数的测定结果记录

稀释倍数			
1 皿菌落数/CFU			
2 皿菌落数/CFU			

（3）根据食品加工车间空气中细菌总数的测定结果记录表，按照相关的计算方法进行计算，报告食品加工车间空气中的细菌总数，以 CFU/m³ 表示。

六、思考题

（1）食品加工车间空气中细菌总数的测定有何意义？

（2）食品加工车间空气中细菌总数测定的采样方法有几种？各有何优点？

以食品安全国家标准为代表的传统技术检验食品中的微生物具有检测准确、检验结果得到公认等优点，但检验食品中病原菌常存在步骤烦锁、检验周期长、人力消耗大等缺点。然而企业为了减缓物流的压力，减少仓储时间，加快资金周转，要求快速出具检测报告。另一方面，面对日益严峻的食品安全局势，政府检测机构也需要微生物快速检测的方法，从而提高监管的时效性。

目前，国外许多政府机构已在大量使用快速检测方法，如显色培养基法、免疫法、PCR 法及 ATP 法，并且应用效果较好。国内一些高校及科研院所也在加速快速检测技术的研发，一些产品已投入市场，并取得了较好的效果。从长远发展趋势来说，快速检验方法是微生物检测的重要发展方向。

快速检验方法也存在某些限制(假阴性或假阳性)，因此用于食品检测的每一种方法需经过全面验证后才能正式使用，那些已认可的快速检验方法也只能用于食品粗的监测，对于阳性结果必须用标准方法进行确认实验。另外，尽管许多快速检验方法很灵敏，但大多数方法要求在检验前进行增菌培养，主要目的是提高相关"背景微生物群系"中目标微生物的数量，避免漏检，这一点非常重要。同时，进行检验前的增菌，可以起到减少食品中非目标菌的干扰。

第七章

食品微生物的快速检验技术

第一节　菌落 PCR 技术检测食品中副溶血性弧菌

一、实验目的

（1）掌握聚合酶链式反应（PCR）的原理及主要步骤。

（2）理解引物在 PCR 快速检测微生物的作用。

二、实验原理

PCR 反应即聚合酶链式反应（polymerase chain reaction，PCR），它是一种选择性地体外扩增 DNA 的一种方法，经数小时反应可将特定的 DNA 片段扩增数百万倍，并轻松地将皮克（pg）水平的起始 DNA 混合物中的目标基因扩增至纳克、微克甚至毫克水平，从而迅速获取大量单一核酸片段，它是 DNA 分析最常用的技术，并且自 PCR 方法创建以来，已广泛地应用于致病性微生物的诊断。

该技术是先大量复制目标菌中高度保守的一段或几段特异性 DNA 版段，并根据复制 DNA 的有无或大小来完成检测。如果待测样品中存在目标菌，就能复制有关特异 DNA 片段，如果不存在就复制不出来有关特异 DNA 片段。

目标菌存在很多 DNA 片段，为什么通过 PCR 扩增只将目标菌中的特异性 DNA 片段大量复制？究竟复制哪一段 DNA 取决于用于检测该 DNA 两端的引物核苷酸序列，因此引物的设计起到关键作用。

PCR 是在试管中进行的 DNA 复制反应，基本原理与细胞内 DNA 复制相似，主要利用碱基互补配对的原则，但反应体系相对简单。

PCR 反应主要由变性、退火与延伸三个步骤构成。

（1）模板 DNA 的变性：模板 DNA 经高温处理，使模板 DNA 双链或经 PCR 扩增形成的双链 DNA 解离，使之成为单链。

（2）模板 DNA 与引物的退火：当温度降低时，两个引物与模板 DNA 的两条单链的 3′末端特异性互补结合。

（3）引物的延伸：在适当温度下，DNA 模板与引物结合物在 Taq 酶的作用下，以 4 种脱氧核糖核苷酸为底物，并以靶基因序列为模板，按碱基互补配对原则不断添加到此物末端，按 5′→3′方向将引物延伸自动合成新的 DNA 链，使 DNA 重新变成双链。

将合成的 DNA 双链不断重复以上变性—退火—延伸三个过程,每完成一个循环需 2 ~ 4 min,2 ~ 3 h 可将目标基因扩增放大几百万倍。

本实验采用菌落 PCR 技术不需要在体外提取总 DNA,而是直接挑去待检菌落于 PCR 管中,同时利用耐高温 MightyAmp DNA 聚合酶,采用 98 ℃预变性 2 min 的热处理,从而使待测菌落细胞破碎,胞内 DNA 释放出来,即以菌体热解后暴露的 DNA 为模板进行 PCR 扩增,该方法可以快速鉴定菌落是否含有目的基因。

副溶血性弧菌是水产品常见的一种病原菌,而不耐热溶血素 (thermolabile haemolysin,TH) 和耐热直接溶血素 (thermostable direct hemolysin,TDH) 是副溶血性弧菌的主要致病因子,其中 *tl* 基因具有种的特异性,其基因序列是 450 bp,可以以此基因作为检测和监测副溶血性弧菌的依据。

三、实验材料

(一)主要设备

生化培养箱、PCR 仪、电泳仪、移液枪、凝胶成像系统、PCR 管、枪头等。

(二)主要试剂

副溶血性弧菌标准株,副溶血性弧菌特异性引物 (*tl* 基因):上游引物 *th* 1:AAA GCG GAT TAT GCA GAA GCA CTG-3′与下游引物 *th* 2:5′-GCT ACT TTC TAG CAT TTT CTC TGC-3′,MightyAmp DNA 聚合酶,2×MightyAmp buffer,双蒸水,琼脂糖,50× TAE 缓冲液(见附录 B. 12),Goldview 染色液(见附录 B. 13),Loading buffer (见附录 B. 14),DL 2000 DNA Marker。

四、实验步骤

(一)样品中疑似菌落的分离

按本书第四章第二节食品中副溶血性弧菌的检验实验步骤中的方法进行样品制备、增菌与分离。在 TCBS 平板上挑选出副溶血性弧菌疑似菌落,进行标记,并作为菌落 PCR 的模板。

(二)反应体系

用移液枪吸取 2×MightyAmp buffer 15 μL,MightyAmp DNA 聚合酶 0.75 μL,引物 *th* 1(10 μmol/μL)0.75 μL,引物 *th* 2(10 μmol/μL)0.75 μL,双蒸水 12.75 μL 加放

PCR 管中(注意每取一种试剂要换枪头,以免污染试剂),再用无菌牙签挑取少许培养 24 h 的待测菌落于体系中,并作为模板。

PCR 反应体系具体见表 7-1。

表 7-1　PCR 反应体系

试剂	体积
2×MightyAmp buffer	15 μL
MightyAmp DNA 聚合酶	0.75 μL
引物 *th* 1(10 μmol/μL)	0.75 μL
引物 *th* 2(10 μmol/μL)	0.75 μL
双蒸水	12.75 μL
模板 DNA(菌落)	牙签挑取
合计	30 μL

(三)反应条件

98 ℃预变性 2 min;98 ℃变性 10 s,55 ℃退火 15 s,68 ℃延伸 1.5 min,40 个循环;72 ℃保存 10 min。

(四)产物的琼脂糖凝胶电泳的检测

1. 琼脂糖凝胶制备

11 孔梳孔胶制备:称取 0.22 g 琼脂糖加 22 mL 1×TAE 缓冲液,微波 1~2 min(加封口膜,防止体积减小),加热溶解至透明澄清无颗粒,待温度达到 50 ℃左右时加入 1 μL Goldview 染色液混匀,之后倒入插好梳子的制胶器。

25 孔梳孔胶制备:称取 0.44 g 琼脂糖加 44 mL 1×TAE 缓冲液,其后步骤同 11 孔梳孔胶制备,但 Goldview 染色液加 2 μL。

2. 点样

将制好的胶放到电泳槽中,并且添加 1×TAE 缓冲液至淹过梳孔,再取 4 μL PCR 产物与 1 μL 6×Loading buffer 混合后,吸取加入梳孔(注意点样时避免气泡产生,不要弄碎胶孔),同时吸取 4 μL DL 2000 DNA Marker,然后接通电源,调 100 V 电泳 45 min。

3. PCR 产物检测

电泳结束后在凝胶成像系统中观察条带,并根据 PCR 产物分子质量大小判断是否扩增出 tl 基因。

五、实验结果

(1)提供电泳图像,标明标准条带的大小。

(2)根据 PCR 的结果,判断样品中是否检出了副溶血性弧菌。

六、思考题

(1)PCR 反应为什么只对目标基因进行扩增?

(2)电泳检测时为什么需要 Marker?

(3)PCR 的基本反应过程有哪些?

(4)采用 PCR 技术扩增 DNA,需要哪些条件?

第二节　测试片与测试卡法检测金黄色葡萄球菌

一、实验目的

(1)掌握用测试片检测金黄色葡萄球菌的方法及其原理。

(2)掌握用测试卡检测金黄色葡萄球菌的方法及其原理。

二、实验原理

MicroFast 测试片是一种快速可靠的微生物检测工具,作为预制型培养基系统,采用快速扩散系统、新一代生物显色技术等技术制备 MicroFast 测试片。该方法使用方便快捷,大大减少了实验前的准备工作,有效缩短了微生物检测时间,最终提高了检测效率。预制型培养基系统含有标准方法的培养基、一种冷凝胶和一种指示剂,并附着在纸片中,当待测菌液加入培养区域,菌液会快速扩散,均匀分布于培养区域,培养过程目标菌产生的代谢产物会使显色剂显色,从而达到目标菌鉴定的目的或计数。

快速测试卡法是通过抗体特异性识别金黄色葡萄球菌特有的表面蛋白,判定样品中是否含有金黄色葡萄球菌,实际是利用抗原与抗体特异性结合的原理制备的一种快速检测方法。该法主要适用于食品、环境中金黄色葡萄球菌的初步筛选和快速检测。本实验采用的是以胶体金作为示踪标志物,应用于抗原抗体反应的一种免疫标记技术。胶体金是氯金酸在还原剂的作用下,聚合成特定大小稳定的胶体状态,成为胶体金。胶体金既可以与蛋白质分子形成牢固地结合,又不影响蛋白质的生物学特性,并且胶体金颗粒呈现颜色反应,从而达到鉴别的目的。

三、实现材料

金黄色葡萄球菌 MicroFast 测试片,金黄色葡萄球菌快速测试卡,移液枪,枪头,7.5%氯化钠肉汤培养基(见附录 A.38),无菌生理盐水(见附录 B.4)等。

四、实验步骤

(一)样品稀释与增菌

样品稀释:样品(牡蛎)称取 25 g 置于盛有 225 mL 灭菌生理盐水的无菌均质袋中,用拍击式均质器拍打 1~2 min,制成 1∶10 的样品匀液。再用移液枪吸取 1∶10 样品匀液 1 mL,沿管壁缓慢注入盛有 9 mL 灭菌生理盐水的无菌试管中(注意吸管或吸头尖端不要触及稀释面),振摇或反复吹打混合均匀,制成 1∶100 样品匀液。同样操作,制备 10 倍系列稀释样品匀液,注意每递增一次稀释更换无菌吸管或吸头。

样品增菌:从 1∶10 样品稀释液吸取 1 mL 于 9 mL 7.5%氯化钠肉汤中,充分摇均后于 36 ℃±1 ℃培养 18~24 h 进行增菌。

(二)测试片法的定量检测

沿虚线剪开,打开封口,每组取 2 片测试片平放在实验台上,缓慢揭开上膜,再分别吸取适宜样品稀释液 1 mL,并垂直加在培养基的中心区域,缓慢盖上上膜,样液会自动扩散至整个培养基,无须压板;待样品液被完全吸收后(一般 5 min),方可移动测试片。将测试片透明面向上,置于培养箱中,36 ℃±1 ℃培养 24 h±2 h。

取出培养后的测试片进行肉眼观察,金黄色葡萄球菌菌落显粉红色,并目视计数,计数范围 15~150 CFU。对于疑似菌落可适当延长培养时间以加强判读。培养前后测试片如图 7-1 所示。

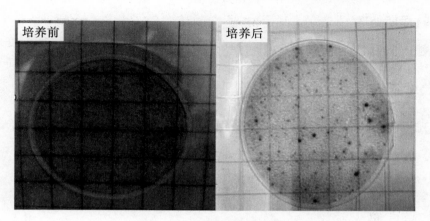

图7-1　金黄色定量检测的测试片

注意事项:揭开上膜时,不要触碰培养基检测区域;测试片堆叠培养时,不宜超过20片;测试片可能会出现少量针状黑点,为正常现象,不影响目标菌的判读。加样后,防溢圈附近可能出现气泡导致液体无法完全扩散,属正常现象,不影响检测结果。

(三)快速检测卡法

用移液枪取金黄色葡萄球增菌液50 μL 于1.5 mL 离心管中,并加200 μL 无菌水,混匀,制成待检样品。撕开铝箔袋,取出检测卡平放,在加样孔中垂直滴加3~4滴(约100 μL)待检样品,室温放置8 min 后,观察检测卡中的检视窗结果。若10 min 后显示结果无效。同时做阳性对照:将阳性菌稀释液垂直滴加3~4滴于加样孔中,放置与观察同样品操作。

结果判定:阳性反应为 C 线、T 线均显色;阴性反应为 C 线显色,T 线不显色;失效反应为 C 线不显色,测试卡失败或检测卡失效。测试卡结果判断如图7-2 所示。

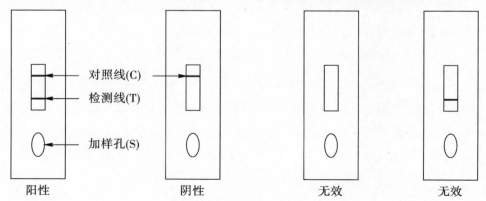

图7-2　测试卡结果判断

（四）后期处理

检测卡与测试片回收统一处理。

五、结果与报告

（1）提供测试片原始图，并列表记录每个稀释度每张纸片上的菌数，并给出检测结果。

（2）提供测试卡原始图，并给出检测结果。

六、思考题

（1）测试片检测的原理是什么？

（2）测试片操作的注意事项有哪些？

（3）测试卡检测的原理是什么？

附　录

附录 A 培养基

A.1 营养琼脂培养基

配方:蛋白胨 10.0 g,牛肉膏 3.0 g,氯化钠 5.0 g,琼脂 15.0~20.0 g,蒸馏水 1 000 mL,pH 值7.3±0.2

制法:将除琼脂以外的各成分溶解于蒸馏水中,加入15%氢氧化钠溶液约 2 mL, 校正 pH 值至7.3±0.2。加入琼脂,加热煮沸,使琼脂溶化,121 ℃高压灭菌 15 min。 分装合适的试管。121 ℃高压灭菌 15 min。灭菌后摆成斜面备用。

A.2 月桂基硫酸盐胰蛋白胨(LST)肉汤培养基

配方:胰蛋白胨或胰酪胨 20.0 g,氯化钠 5.0 g,乳糖 5.0 g,磷酸氢二钾 (K_2HPO_4)2.75 g,磷酸二氢钾 (KH_2PO_4) 2.75 g,月桂基硫酸钠 0.1 g,蒸馏水 1 000 mL,pH 值6.8±0.2。

制法:将上述成分溶解于蒸馏水中,调节 pH 值,分装到有玻璃小倒管的试管中, 每管 10 mL。121 ℃高压灭菌 15 min。

A.3 煌绿乳糖胆盐(BGLB)肉汤培养基

配方:蛋白胨 10.0 g,乳糖 10.0 g,牛胆粉(oxgall 或 oxbile)溶液 200.0 mL,0.1% 煌绿水溶液 13.3 mL,蒸馏水 800 mL,pH 值7.2±0.1。

制法:将蛋白胨、乳糖溶于约 500 mL 蒸馏水中,加入牛胆粉溶液 200 mL (将 20.0 g脱水牛胆粉溶于 200 mL 蒸馏水中,pH 值7.0~7.5),用蒸馏水稀释到 975 mL, 调节 pH 值,再加入 0.1%煌绿水溶液 13.3 mL,用蒸馏水补足到 1 000 mL,用棉花过 滤后,分装到有玻璃小倒管的试管中,每管 10 mL。121 ℃高压灭菌 15 min。

A.4 EC 肉汤培养基(*E. coli* broth)

配方:胰蛋白胨或胰酪胨20.0 g,3 号胆盐或混合胆盐1.5 g,乳糖5.0 g,磷酸氢二 钾(K_2HPO_4)4.0 g,磷酸二氢钾(KH_2PO_4) 1.5 g,氯化钠 5.0 g,蒸馏水 1 000 mL,pH 值6.9±0.1。

制法:将上述成分溶解于蒸馏水中,调节 pH 值,分装到有玻璃小倒管的试管中,每管 8 mL。121 ℃高压灭菌 15 min。

A.5 蛋白胨水培养基(靛基质试验用)

配方:胰胨或胰酪胨 10.0 g,蒸馏水 1 000 mL,pH 值 6.9±0.2。

制法:加热搅拌溶解胰胨或胰酪胨于蒸馏水中。分装试管,每管 5 mL。121 ℃高压灭菌 15 min。

A.6 缓冲葡萄糖蛋白胨水培养基[甲基红(MR)和 VP 试验用]

配方:多胨 7.0 g,葡萄糖 5.0 g,磷酸氢二钾(K₂HPO₄)5.0 g,蒸馏水 1 000 mL,pH 值 6.9±0.2。

制法:将上述成分溶解于蒸馏水中,调节 pH 值,分装试管,每管 1 mL,121℃高压灭菌 15 min,备用。

A.7 西蒙氏柠檬酸盐培养基

配方:柠檬酸钠 2.0 g,氯化钠 5.0 g,磷酸氢二钾 1.0 g,磷酸二氢铵 1.0 g,硫酸镁 0.2 g,溴百里香酚蓝 0.08 g,琼脂 8.0~18.0 g,蒸馏水 1 000 mL,pH 值 6.8±0.2。

制法:将各成分加热溶解,必要时调节 pH 值。每管分装 10 mL,121 ℃高压灭菌 15 min,制成斜面。

A.8 伊红美蓝琼脂(EMB)培养基

配方:蛋白胨 10.0 g,乳糖 10.0 g,磷酸氢二钾(K₂HPO₄) 2.0 g,琼脂 15.0 g ,伊红 γ 水溶液 0.4 g 或2% 水溶性 20.0 mL,美蓝 0.065 g 或5% 水溶液 13.0 mL,蒸馏水 1 000 mL,pH 值 7.1±0.2。

制法:在 1 000 mL 蒸馏水中煮沸溶解蛋白胨、磷酸盐和琼脂,加水补足。分装于三角瓶中。每瓶 100 mL 或 200 mL,调节 pH 值,121 ℃高压灭菌 15 min。使用前将琼脂溶化,于每 100 mL 琼脂中加 5 mL 灭菌的 20% 乳糖溶液,2 mL 的 2% 伊红 γ 水溶液和 1.3 mL 0.5% 的美蓝水溶液,摇均,冷却至 45~50 ℃,倾注平皿。

A.9　缓冲蛋白胨水(BPW)培养基

配方:蛋白胨 10.0 g,氯化钠 5.0 g,磷酸氢二钠($Na_2HPO_4 \cdot 12H_2O$)9.0 g,磷酸二氢钾 1.5 g,蒸馏水 1 000 mL,pH 值7.2±0.2。

制法:将各成分加入蒸馏水中,搅混均匀,静置约 10 min,加热煮沸至完全溶解,调至 pH 值,121 ℃高压灭菌 15 min。

A.10　四硫磺酸钠煌绿(TTB)增菌液

A.10.1　基础液

配方:蛋白胨 10.0 g,牛肉膏 5.0 g,氯化钠 3.0 g,碳酸钙 45.0 g,蒸馏水 1 000 mL,pH 值7.2±0.2。

制法:除碳酸钙外,将各成分加入蒸馏水中,搅混均匀,静止约 10 min,加热煮沸至完全溶解,再加入碳酸钙,调至 pH 值,121 ℃高压灭菌 20 min。

A.10.2　硫代硫酸钠溶液

配方:硫代硫酸钠($Na_2S_2O_3 \cdot 5H_2O$)50.0 g,加蒸馏水至 100.0 mL。

制法:121 ℃高压灭菌 20 min。

A.10.3　碘溶液

配方:碘片 20.0 g,碘化钾 25.0 g,加蒸馏水至 100.0 mL。

制法:将碘化钾充分溶解于少量的蒸馏水中,再投入碘片,振摇玻瓶至碘片完全溶解为止,然后加蒸馏水至规定的总量,储存于棕色瓶内,塞紧瓶盖备用。

A.10.4　0.5%煌绿水溶液

配方:煌绿 0.5 g,蒸馏水 100.0 mL。

制法:溶解后,存放暗处,不少于 1 d,使其自然灭菌。

A.10.5　牛胆盐溶液

配方:牛胆盐 10.0 g ,蒸馏水 100.0 mL。

制法:加热煮沸至完全溶解,121 ℃高压灭菌 20 min。

A.10.6　制法

基础液 900 mL,硫代硫酸钠溶液 100.0 mL,碘溶液 20.0 mL,0.5%煌绿水溶液

2.0 mL,牛胆盐溶液 50.0 mL。临用前,按上列顺序,以无菌操作依次加入基础液中,每加一种成分均应摇匀后再加入另一种成分。

A.11 亚硒酸盐胱氨酸(SC)增菌液

配方:蛋白胨 5.0 g,乳糖 4.0 g,磷酸氢二钠 10.0 g,L-胱氨酸 0.01 g,蒸馏水 1 000 mL,pH 值 7.0±0.2。

制法:除亚硒酸氢钠和 L-胱氨酸外,将各成分加入蒸馏水中,搅混均匀,静置约 10 min,加热煮沸 5 min 至完全溶解,冷却至 55 ℃以下,以无菌操作加入亚硒酸氢钠和 1 g/L L-胱氨酸溶液 10 mL(称取 0.1 g L-胱氨酸,加 1 mol/L 氢氧化钠 15 mL,使溶解,再加灭菌蒸馏水至 100 mL,如为 DL-胱氨酸,用量应加倍)。摇匀,调节 pH 值。

A.12 亚硫酸铋(BS)琼脂培养基

配方:蛋白胨 10.0 g,牛肉膏 5.0 g,葡萄糖 5.0 g,硫酸亚铁 0.3 g,磷酸氢二钠 4.0 g,煌绿 0.025 g 或 5.0 g/L 水溶液 5.0 mL,柠檬酸铋铵 2.0 g,亚硫酸钠 6.0 g,琼脂 18.0~20.0 g,蒸馏水 1 000 mL,pH 值 7.5±0.2。

制法:将前三种成分加入 300 mL 蒸馏水中(制作基础液),硫酸亚铁和磷酸氢二钠分别加入 20 mL 和 30 mL 蒸馏水中,柠檬酸铋铵和亚硫酸钠分别加入另一 20 mL 和 30 mL 蒸馏水中,琼脂加入 600 mL 蒸馏水中。然后分别搅拌均匀,静置约 30 min,加热煮沸至完全溶解。冷却至 80 ℃左右时,先将硫酸亚铁和磷酸氢二钠混匀,倒入基础液中,混匀。将柠檬酸铋铵和亚硫酸钠混匀,倒入基础液中,再混匀。调节 pH 值,随即倒入琼脂液中,混合均匀,冷却至 50~55 ℃。加入煌绿溶液,充分混匀后并立即倾注平皿,每皿约 20 mL。

注:本培养基不需要高压灭菌,在制备过程中不宜过分加热,避免降低其选择性,贮于室温暗处,超过 48 h 会降低其选择性,本培养基宜于当天制备,第二天使用。

A.13 HE 琼脂

配方:蛋白胨 12.0 g,牛肉膏 3.0 g,乳糖 12.0 g,蔗糖 12.0 g,水杨素 2.0 g,胆盐 20.0 g,氯化钠 5.0 g,琼脂 18.0~20.0 g,蒸馏水 1 000 mL,0.4%溴麝香草酚蓝溶液 16.0 mL,Andrade 指示剂 20.0 mL,甲液 20.0 mL,乙液 20.0 mL,pH 值 7.5±0.2。

制法:将前面七种成分溶解于 400 mL 蒸馏水内作为基础液;将琼脂加入 600 mL

蒸馏水内,加热溶解。加入甲液和乙液于基础液内,调节 pH 值。再加入指示剂,并与琼脂液合并,待冷却至 50~55 ℃,倾注平皿。

注:(1)本培养基不需要高压灭菌,在制备过程中不宜过分加热,避免降低其选择性。

(2)甲液的配制:硫代硫酸钠 34.0 g,柠檬酸铁铵 4.0 g,蒸馏水 100.0 mL。

(3)乙液的配制:去氧胆酸钠 10.0 g,蒸馏水 100.0 mL。

(4)Andrade 指示剂:酸性复红 0.5 g,1 mol/L 氢氧化钠溶液 16.0 mL,蒸馏水 100.0 mL。将复红溶解于蒸馏水中,加入氢氧化钠溶液。数小时后如复红褪色不全,再加氢氧化钠溶液 1~2 mL。

A.14 木糖赖氨酸脱氧胆盐(XLD)琼脂培养基

配方:酵母膏 3.0 g,L-赖氨酸 5.0 g,木糖 3.75 g,乳糖 7.5 g,蔗糖 7.5 g,去氧胆酸钠 2.5 g,柠檬酸铁铵 0.8 g,硫代硫酸钠 6.8 g,氯化钠 5.0 g,琼脂 15.0 g,酚红 0.08 g,蒸馏水 1 000 mL ,pH 值 7.4±0.2。

制法:除酚红和琼脂外,将其他成分加入 400 mL 蒸馏水中,煮沸溶解,调节 pH 值。另将琼脂加入 600 mL 蒸馏水中,煮沸溶解。

将上述两溶液混合均匀后,再加入指示剂,待冷却至 50~55 ℃倾注平皿。

注:本培养基不需要高压灭菌,在制备过程中不宜过分加热,避免降低其选择性,贮于室温暗处。本培养基宜于当天制备,第二天使用。

A.15 三糖铁(TSI)琼脂培养基

配方:蛋白胨 20.0 g,牛肉膏 5.0 g ,乳糖 10.0 g,蔗糖 10.0 g,葡萄糖 1.0 g,硫酸亚铁铵(含 6 个结晶水)0.2 g,酚红 0.025 g 或 5.0 g/L 溶液 5.0 mL,氯化钠 5.0 g,硫代硫酸钠 0.5 g,琼脂 12.0 g,蒸馏水 1 000 mL,pH 值 7.4±0.2。

制法:除酚红和琼脂外,将其他成分加入 400 mL 蒸馏水中,煮沸溶解,调节 pH 值。另将琼脂加入 600 mL 蒸馏水中,煮沸溶解。

将上述两溶液混合均匀后,再加入指示剂,混匀,分装试管,每管 2~4 mL,121 ℃高压灭菌 10 min 或 115 ℃高压灭菌 15 min,灭菌后制成高层斜面,呈橘红色。

A.16　尿素琼脂(pH 值7.2)培养基

配方:蛋白胨 1.0 g,氯化钠 5.0 g,葡萄糖 1.0 g,磷酸二氢钾 2.0 g,0.4% 酚红 3.0 mL,琼脂 20.0 g,蒸馏水 1 000 mL,20% 尿素溶液 100 mL,pH 值7.2±0.2。

制法:除尿素、琼脂和酚红外,将其他成分加入 400 mL 蒸馏水中,煮沸溶解后,调节 pH 值至7.2±0.2。另将琼脂加入 600 mL 蒸馏水中,煮沸溶解。将上述两溶液混合均匀后,再加入指示剂后分装,121 ℃ 高压灭菌 15 min。冷却至 50~55 ℃,加入经除菌过滤的尿素溶液。尿素的最终浓度为 2%。分装于无菌试管内,放成斜面备用。

A.17　氰化钾(KCN)培养基

配方:蛋白胨 10.0 g,氯化钠 5.0 g,磷酸二氢钾 0.225 g,磷酸氢二钠 5.64 g,0.5% 氰化钾溶液 20.0 mL,蒸馏水 1 000 mL。

制法:将除氰化钾以外的成分加入蒸馏水中,煮沸溶解,分装后 121 ℃ 高压灭菌 15 min。放在冰箱内使其充分冷却。每 100 mL 培养基加入 0.5% 氰化钾溶液 2.0 mL(最后浓度为 1∶10 000),分装于无菌试管内,每管约 4 mL,立刻用无菌橡皮塞塞紧,放在 4 ℃ 冰箱内,至少可保存两个月。同时,将不加氰化钾的培养基作为对照培养基,分装试管备用。

A.18　赖氨酸脱羧酶试验培养基

配方:蛋白胨 5.0 g,酵母浸膏 3.0 g,葡萄糖 1.0 g,L-赖氨酸或 DL-赖氨酸 0.5 g/100 mL或 1.0 g/100 mL,1.6% 溴甲酚紫-乙醇溶液 1.0 mL,蒸馏水 1 000 mL,pH 值6.8±0.2。

制法:除赖氨酸以外的成分加热溶解后,分装每瓶 100 mL,分别加入赖氨酸。L-赖氨酸按 0.5% 加入,DL-赖氨酸按 1% 加入。调节 pH 值。对照培养基不加赖氨酸。分装于无菌的小试管内,每管 0.5 mL,上面滴加一层液体石蜡,115 ℃ 高压灭菌 10 min。

A.19　糖发酵管

配方:牛肉膏 5.0 g,蛋白胨 10.0 g,氯化钠 3.0 g,磷酸氢二钠($Na_2HPO_4 \cdot 12H_2O$) 2.0 g,0.2% 溴麝香草酚蓝溶液 12.0 mL,蒸馏水 1 000 mL,pH 值7.4±0.2。

制法:葡萄糖发酵管按上述成分配好后,调节 pH 值。按 0.5% 加入葡萄糖,分装于有一个倒置小管的小试管内,121 ℃高压灭菌 15 min。

其他各种糖发酵管可按上述成分配好后,分装每瓶 100 mL,121 ℃高压灭菌 15 min。另将各种糖类分别配好 10% 溶液,同时高压灭菌。将 5 mL 糖溶液加入 100 mL 培养基内,以无菌操作分装小试管。

注:蔗糖不纯,加热后会自行水解者,应采用过滤法除菌。

A.20　ONPG 培养基

配方:邻硝基酚 β-D-半乳糖苷(ONPG)(O-Nitrophenyl-β-D-galactopyranoside) 60.0 mg,0.01 mol/L 磷酸钠缓冲液(pH 值 7.5) 10.0 mL,1% 蛋白胨水(pH 值 7.5) 30.0 mL。

制法:将 ONPG 溶于缓冲液内,加入蛋白胨水,以过滤法除菌,分装于无菌的小试管内,每管 0.5 mL,用橡皮塞塞紧。

A.21　半固体琼脂培养基

配方:牛肉膏 0.3 g,蛋白胨 1.0 g,氯化钠 0.5 g,琼脂 0.35 ~ 0.4 g,蒸馏水 100.0 mL,pH 值 7.4±0.2

制法:按以上成分配好,煮沸使溶解,调节 pH 值。分装小试管。121 ℃高压灭菌 15 min。直立凝固备用。

注:供动力观察、菌种保存、H 抗原位相变异试验等用。

A.22　丙二酸钠培养基

配方:酵母浸膏 1.0 g,硫酸铵 2.0 g,磷酸氢二钾 0.6 g,磷酸二氢钾 0.4 g,氯化钠 2.0 g,丙二酸钠 3.0 g,0.2% 溴麝香草酚蓝溶液 12.0 mL,蒸馏水 1 000 mL ,pH 值 6.8±0.2。

制法:除指示剂以外的成分溶解于水,调节 pH 值,再加入指示剂,分装试管,121 ℃高压灭菌 15 min。

A.23　3% 氯化钠碱性蛋白胨水培养基

配方:蛋白胨 10.0 g,氯化钠 30.0 g,蒸馏水 1 000 mL。

制法：将上述成分溶于蒸馏水中，校正 pH 值至 8.5±0.2,121 ℃高压灭菌 10 min。

A.24　硫代硫酸盐-柠檬酸钠盐-胆盐-蔗糖(TCBS)琼脂培养基

配方：蛋白胨 10.0 g,酵母浸膏 5.0 g,柠檬酸钠($C_6H_5O_7Na_3 \cdot 2H_2O$)10.0 g,硫代硫酸钠($Na_2S_2O_3 \cdot 5H_2O$) 10.0 g,氯化钠 10.0 g,牛胆汁粉 5.0 g,柠檬酸铁 1.0 g,胆酸钠 3.0 g,蔗糖 20.0 g,溴麝香草酚蓝 0.04 g,麝香草酚蓝 0.04 g,琼脂 15.0 g,蒸馏水 1 000 mL。

制法：将上述成分溶于蒸馏水中，调节 pH 值至 8.6±0.2,加热煮沸至完全溶解。冷至 50 ℃左右倾注平板备用。

A.25　3%氯化钠胰蛋白胨大豆琼脂培养基

配方：胰蛋白胨 15.0 g,大豆蛋白胨 5.0 g,氯化钠 30.0 g,琼脂 15.0 g,蒸馏水 1 000 mL。

制法：将上述成分溶于蒸馏水中，调节 pH 值至 7.3±0.2,121 ℃高压灭菌 15 min。

A.26　3%氯化钠三糖铁琼脂培养基

配方：蛋白胨 15.0 g,胨蛋白胨 5.0 g,牛肉膏 3.0 g,酵母浸膏 3.0 g,氯化钠 30.0 g,乳糖 10.0 g,蔗糖 10.0 g,葡萄糖 1.0 g,硫酸亚铁($FeSO_4$)0.2 g,苯酚红 0.024 g,硫代硫酸钠($Na_2S_2O_3$) 0.3 g,琼脂 12.0 g,蒸馏水 1 000 mL

制法：将上述成分溶于蒸馏水中，校正 pH 至 7.4±0.2。分装到适当容量的试管中。121 ℃高压灭菌 15 min。制成高层斜面，斜面长 4~5 cm,高层深度为 2~3 cm。

A.27　嗜盐性试验培养基

配方：胰蛋白胨 10.0 g,氯化钠按不同的量加入,蒸馏水 1 000 mL。

制法：将上述成分溶于蒸馏水中，调节 pH 值至 7.2±0.2,共配制 5 瓶,每瓶 100 mL。每瓶分别加入不同量的氯化钠：①不加；②3 g；③ 6 g；④8 g；⑤10 g。分装试管,121 ℃高压灭菌 15 min。

A.28　3%氯化钠甘露醇试验培养基

配方：牛肉膏 5.0 g,蛋白胨 10.0 g,氯化钠 30.0 g,磷酸氢二钠($Na_2HPO_4 \cdot$

$12H_2O$)2.0 g,溴麝香草酚蓝 0.024 g,蒸馏水 1 000 mL。

制法:将上述成分溶于蒸馏水中,调节 pH 值至 7.4±0.2,分装小试管,121 ℃高压灭菌 10 min。

A.29　3% 氯化钠赖氨酸脱羧酶试验培养基

配方:蛋白胨 5.0 g,酵母浸膏 3.0 g,葡萄糖 1.0 g,溴甲酚紫 0.02 g,L-赖氨酸 5.0 g,氯化钠 30.0 g,蒸馏水 1 000 mL。

制法:除赖氨酸以外的成分溶于蒸馏水中,调节 pH 值至 6.8±0.2。再按 0.5% 的比例加入赖氨酸,对照培养基不加赖氨酸。分装小试管,每管 0.5 mL,121 ℃高压灭菌 15 min。

A.30　3% 氯化钠 MR-VP 培养基

配方:多胨 7.0 g,葡萄糖 5.0 g,磷酸氢二钾(K_2HPO_4)5.0 g,氯化钠 30.0 g,蒸馏水 1 000 mL。

制法:将上述成分溶于蒸馏水中,调节 pH 值至 6.9±0.2,分装试管,121 ℃高压灭菌 15 min。

A.31　血琼脂培养基

配方:豆粉琼脂(pH 值 7.5±0.2)100.0 mL,脱纤维羊血(或兔血)5 ~ 10 mL。
制法:加热溶化琼脂,冷却至 50 ℃,以无菌操作加入脱纤维羊血,摇匀,倾注平板。

A.32　Baird-Parker 琼脂培养基

配方:胰蛋白胨 10.0 g,牛肉膏 5.0 g,酵母膏 1.0 g,丙酮酸钠 10.0 g,甘氨酸 12.0 g,氯化锂(LiCl · $6H_2O$)5.0 g,琼脂 20.0 g,蒸馏水 950 mL,pH 值 7.2±0.2。增菌剂的配法:30% 卵黄盐水 50 mL 与经过除菌过滤的 1% 亚碲酸钾溶液 10 mL 混合,保存于冰箱内。

制法:将各成分加到蒸馏水中,加热煮沸至完全溶解,调节 pH 值,分装每瓶 95 mL,121 ℃高压灭菌 15 min。临用时加热溶化琼脂,冷却至 50 ℃,每 95 mL 加入预热至 50 ℃的卵黄亚碲酸钾溶液增菌剂 5 mL,摇匀后倾注平板。培养基应是致密不透明的。使用前在冰箱储存不得超过 48 h。

A.33 脑心浸出液(BHI)肉汤培养基

配方:胰蛋白胨 10.0 g,氯化钠 5.0 g,磷酸氢二钠(Na$_2$HPO$_4$·12H$_2$O)2.5 g,葡萄糖 2.0 g,牛心浸出液 500 mL,pH 值 7.4±0.2。

制法:加热溶解,调节 pH 值,分装 16 mm×160 mm 试管,每管 5 mL,121 ℃高压灭菌 15 min。

A.34 马铃薯-葡萄糖琼脂培养基

配方:马铃薯(去皮切块)300 g,葡萄糖 20.0 g,琼脂 20.0 g,氯霉素 0.1 g,蒸馏水 1 000 mL。

制法:将马铃薯去皮切块,加 1 000 mL 蒸馏水,煮沸 10~20 min。用纱布过滤,补加蒸馏水至 1 000 mL。加入葡萄糖和琼脂,加热溶化,分装后,121 ℃灭菌 20 min。倾注平板前,用少量乙醇溶解氯霉素加入培养基中。

A.35 孟加拉红培养基

配方:蛋白胨 5.0 g,葡萄糖 10.0 g,磷酸二氢钾 1.0 g,硫酸镁(无水)0.5 g,琼脂 20.0 g,孟加拉红 0.033 g,氯霉素 0.1 g,蒸馏水 1 000 mL。

制法:上述各成分加入蒸馏水中,加热溶化,补足蒸馏水至 1 000 mL,分装后,121 ℃灭菌 20 min。倾注平板前,用少量乙醇溶解氯霉素加入培养基中。

A.36 氯硝胺 18% 甘油培养基(DG-18)

配方:酪蛋白胨 5.0 g,无水葡萄糖 10.0 g,磷酸二氢钾 1.0 g,硫酸镁 0.5 g,氯硝胺 0.002 g,甘油 200.0 g,氯霉素 0.1 g,琼脂 15.0 g,蒸馏水 1 000 mL。

制法:除氯霉素外,全部成分加热煮沸至完全溶解,如有必要,调节 pH 值 为 6.4 左右。加入抗菌素,121 ℃高压灭菌 15 min,最终的 pH 值应为 5.6±0.2。灭菌后,立即在 44~47 ℃水浴冷却至 50 ℃以下,在每个灭菌平皿中倾注 15~20 mL 培养基,放置在水平的台面上冷却固化备用。如有必要,可以放在 36 ℃培养箱中过夜,使琼脂表面干燥无水珠。避光保存。

A.37 查氏培养基

配方:NaNO₃ 3.0 g,K₂HPO₄ 1.0 g,KCl 0.5 g,MgSO₄·7H₂O 0.5 g,FeSO₄·7H₂O 0.01 g,蔗糖 30 g,琼脂 15 g,蒸馏水 1 000 mL。

制法:量取 600 mL 蒸馏水分别加入蔗糖、NaNO₃、K₂HPO₄、KCl、MgSO₄·7H₂O、FeSO₄·7H₂O,依次逐一加入水中溶解后加入琼脂,加热溶化,补加蒸馏水至 1 000 mL,分装后,121 ℃灭菌 15 min。

A.38 7.5%氯化钠肉汤培养基

配方:蛋白胨 10.0 g,牛肉膏 5.0 g,氯化钠 75.0 g,蒸馏水 1 000 mL,pH 值 7.4± 0.2。

制法:将上述成分加热溶解,调节 pH 值,分装,每瓶 225 mL,121 ℃高压灭菌 15 min。

附录 B 试剂

B.1 1 mol/L HCl

配方:HCl 90 mL,蒸馏水 1 000 mL。

制法:移取浓盐酸 90 mL,用无菌蒸馏水稀释至 1 000 mL。

B.2 1 mol/L NaOH

配方:NaOH 40.0 g,蒸馏水 1 000 mL 。

制法:称取 40 g 氢氧化钠溶于 1 000 mL 无菌蒸馏水中。

B.3 无菌磷酸盐缓冲液

配方:磷酸二氢钾(KH_2PO_4) 34.0 g,蒸馏水 500 mL,pH 值 7.2±0.2。

储存液制法:称取 34.0 g 磷酸二氢钾溶于 500 mL 蒸馏水中,用大约 175 mL 的 1 mol/L 氢氧化钠溶液调节 pH 值,用蒸馏水稀释至 1 000 mL 后储存于冰箱。

稀释液制法:取储存液 1.25 mL,用蒸馏水稀释至 1 000 mL,分装于合适容器中,121 ℃高压灭菌 15 min。

B.4 无菌生理盐水

配方:氯化钠 8.5 g,蒸馏水 1 000 mL。

制法:称取 8.5 g 氯化钠溶于 1 000 mL 蒸馏水中,121 ℃高压灭菌 15 min。

B.5 Kovacs 氏靛基质试剂

配方:对二甲氨基苯甲醛 5.0 g ,戊醇 75.0 mL,盐酸(浓)25.0 mL。

制法:将对二甲氨基苯甲醛溶于戊醇中,然后慢慢加入浓盐酸即可。

B.6 甲基红试剂

配方:甲基红 10 mg,95% 乙醇 30.0 mL,蒸馏水 20.0 mL。

制法:10 mg 甲基红溶于 30 mL 95% 乙醇中,然后加入 20 mL 蒸馏水。

B.7 Voges-Proskauer(V-P)试剂

甲液配方:α-萘酚 5.0 g,无水乙醇 100.0 mL。

乙液配方:氢氧化钾 40.0 g,用蒸馏水加至 100.0 mL。

B.8 革兰氏染色液

B.8.1 结晶紫染色液

配方:结晶紫 1.0 g,95%乙醇 20.0 mL,1%草酸铵水溶液 80.0 mL。

制法:将结晶紫完全溶解于乙醇中,然后与草酸铵溶液混合。

B.8.2 革兰氏碘液

配方:碘 1.0 g,碘化钾 2.0 g,蒸馏水 300.0 mL。

制法:将碘与碘化钾先行混合,加入蒸馏水少许充分振摇,待完全溶解后,再加蒸馏水至 300 mL。

B.8.3 沙黄复染液

配方:沙黄 0.25 g,95%乙醇 10.0 mL,蒸馏水 90.0 mL。

制法:将沙黄溶解于乙醇中,然后用蒸馏水稀释。

B.8.4 染色法

(1)涂片在火焰上固定,滴加结晶紫染液,染 1 min,水洗。

(2)滴加革兰氏碘液,作用 1 min,水洗。

(3)滴加95%乙醇脱色 15~30 s,直至染色液被洗掉,不要过分脱色,水洗。

(4)滴加复染液,复染 1 min,水洗,待干,镜检。

B.9 氧化酶试剂

配方:N,N,N′,N′-四甲基对苯二胺盐酸盐 1.0 g,蒸馏水 100.0 mL。

制法:将 N,N,N′,N′-四甲基对苯二胺盐酸盐溶于蒸馏水中,2~5 ℃冰箱内避光保存,在 7 d 之内使用。

B.10 ONPG 试剂

B.10.1 **缓冲液**

配方:磷酸二氢钠($NaH_2PO_4 \cdot H_2O$)6.9 g,用蒸馏水加至 50.0 mL。

制法:将磷酸二氢钠溶于蒸馏水中,调节 pH 值至 7.0;缓冲液置于 2～5 ℃冰箱保存。

B.10.2 ONPG **溶液**

配方:邻硝基酚 β-D 半乳糖苷(ONPG) 0.08 g,缓冲液 5.0 mL,蒸馏水 15.0 mL。

制法:将 ONPG 在 37 ℃的蒸馏水中溶解,加入缓冲液。ONPG 溶液置于 2～5 ℃冰箱保存。试验前,将所需用量的 ONPG 溶液加热至 37 ℃。

B.11 兔血浆

取柠檬酸钠 3.8 g,加蒸馏水 100 mL,溶解后过滤,装瓶,121 ℃高压灭菌 15 min。兔血浆制备:取 3.8%柠檬酸钠溶液一份,加兔全血 4 份,混好静置(或以 3 000 r/min 离心 30 min),使血液细胞下降,即可得血浆。

B.12 50× TAE 缓冲液

B.12.1 10 mol/L 氢氧化钠(NaOH)溶液

配方:80.0 g 氢氧化钠,200 mL 水。

制法:在 160 mL 水中加入 80.0 g 氢氧化钠,溶解后,冷却至室温,再加水定容到 200 mL。

B.12.2 500 mmol/L 乙二胺四乙酸二钠(EDTA-Na₂)溶液

配方与制法:称取 18.6 g 乙二胺四乙酸二钠,加入 70 mL 水中,缓慢滴加氢氧化钠溶液(见 B.12.1)直至 EDTA-Na₂完全溶解,用氢氧化钠溶液调节 pH 值至 8.0,加水定容至 100 mL。在 121 ℃条件下灭菌 20 min。

B.12.3 50×TAE 缓冲液

配方与制法:称取 242.2 g 三羟甲基氨基甲烷(Tris),先用 500 mL 水加热搅拌溶解后,加入 100 mL 乙二胺四乙酸二钠(见 B.12.2),用冰乙酸调 pH 值至 8.0,然后加水定容至 1 000 mL。使用时用水稀释成 1×TAE。

B.13 Goldview 染色液

配方与制法:称取 1.0 g 溴化乙锭,溶解于 100 mL 水中,避光保存。

警告:溴化乙锭有致癌作用,配制和使用时应戴一次性手套操作,并妥善处理废弃物。

B.14 Loading buffer

配方与制法:称取 EDTA 4.4 g,溴酚蓝 250 mg,二甲苯青 FF 250 mg,加入 500 mL 烧杯中,加入约 200 mL 去离子水,加热搅拌至充分溶解。加入 180 mL 甘油,使用 2 mol/L NAOH 调节 pH 值 7.0,用去离子水定容至 500 mL,常温保存。

附录 C 其 他

C.1 确定最适的 3 个连续稀释度方法

在 $10^{-1} \sim 10^{-5}$ 五个连续稀释度中确定最适的 3 个连续稀释度方法如下：

（1）有一个以上的稀释度 3 管均为阳性。选择 3 管都是阳性结果的最高稀释度及其相连的 2 个更高稀释度（见表 C.1 示例 a、b，表中带下划线的数字对应的接种样品量为最终选取的最适稀释度，下同）；在未选择的较高稀释度中还有阳性结果时，则顺次下移到下一个更高 3 个连续稀释度（见表 C.1 示例 c）；如果中间有某个稀释度没有阳性结果，但更高稀释度有阳性结果，则将此阳性结果加到前一稀释度，进而确定 3 个连续稀释度（见表 C.1 示例 d）；如果不能按照这个原则找到 3 个合适的稀释度，则选择前一个较低的稀释度（见表 C.1 示例 e）。

（2）没有任何一个稀释度 3 管均为阳性。如果没有一个稀释度的 3 管均为阳性，则选择 3 个最低稀释度（见表 C.1 示例 f）；如果在更高的没有被选择的稀释度还有阳性结果，将此阳性结果加到选择的最高稀释度，进而确定 3 个连续稀释度（见表 C.1 示例 g）。MPN 计算阳性结果的选择示例见表 C.1。

表 C.1 关于 MPN 计算阳性结果的选择示例

示例编号	接种样品量/mL					选择的 3 个连续稀释度阳性管数	MPN/g(mL)
	0.1 g	0.01 g	0.001 g	0.000 1 g	0.000 01 g		
a	3	<u>3</u>	<u>1</u>	<u>0</u>	0	3-1-0	430
b	2	<u>3</u>	<u>1</u>	<u>0</u>	0	3-1-0	430
c	3	<u>2</u>	<u>2</u>	<u>1</u>	0	2-2-1	280
d	3	<u>2</u>	<u>2</u>	<u>0</u>	1	2-2-1	280
e	3	3	<u>3</u>	<u>3</u>	<u>2</u>	3-3-2	110 000
f	<u>0</u>	<u>0</u>	<u>1</u>	0	0	0-0-1	3
g	<u>2</u>	<u>2</u>	<u>1</u>	1	0	2-2-2	35

注：下划线表示选择连续稀释度。

C.2 MPN 表

最可能数(MPN)表见表 C.2。

C.2 最可能数(MPN)表

阳性管数			MPN	95% 置信区间		阳性管数			MPN	95% 置信区间	
0.10	0.01	0.001		下限	上限	0.10	0.01	0.001		下限	上限
0	0	0	< 3.0	—	9.5	2	2	0	21	4.5	42
0	0	1	3.0	0.15	9.6	2	2	1	28	8.7	94
0	1	0	3.0	0.15	11	2	2	2	35	8.7	94
0	1	1	6.1	1.2	18	2	3	0	29	8.7	94
0	2	0	6.2	1.2	18	2	3	1	36	8.7	94
1	1	0	7.4	1.3	20	3	1	1	75	17	200
1	0	0	3.6	0.17	18	3	0	1	38	8.7	110
1	0	1	7.2	1.3	18	3	0	2	64	17	180
1	0	2	11	3.6	38	3	1	0	43	9	180
1	1	1	11	3.6	38	3	1	2	120	37	420
1	2	0	11	3.6	42	3	1	3	160	40	420
1	2	1	15	4.5	42	3	2	0	93	18	420
1	3	0	16	4.5	42	3	2	1	150	37	420
2	0	0	9.2	1.4	38	3	2	2	210	40	430
2	0	1	14	3.6	42	3	2	3	290	90	1 000
2	0	2	20	4.5	42	3	3	0	240	42	1 000
2	1	0	15	3.7	42	3	3	1	460	90	2 000
2	1	1	20	4.5	42	3	3	2	1 100	180	4 100
2	1	2	27	8.7	94	3	3	3	>1 100	420	—

注:1. 本表采用3个稀释度[0.1 g(mL)、0.01 g(mL)和0.001 g(mL)],每个稀释度接种3管。

2. 表内所列检样量如改用1 g(mL)、0.1 g(mL)和0.01 g(mL)时,表内数字应相应降低10%;如改用0.01 g(mL)、0.001 g(mL)、0.000 1 g(mL)时,则表内数字应相应增高10倍,其余类推。

3. 本表适用于大肠菌群、粪大肠菌群、大肠埃希氏菌和副溶血性弧菌的MPN计数法的MPN值检索。

参考文献

[1]宁喜斌,刘颖,刘玲,等.食品微生物检验学[M].北京:中国轻工业出版社,2019.

[2]王廷璞,王静.食品微生物检验技术[M].北京:化学工业出版社,2009.

[3]李志明.食品卫生微生物检验学[M].北京:化学工业出版社,2017.

[4]范建奇.食品药品微生物检验技术[M].杭州:浙江大学出版社,2013.

[5]贾俊涛,梁成珠,马维兴.食品微生物检测工作指南[M].北京:中国质检出版社,中国标准出版社,2012.

[6]赵新准.食品安全检测技术[M].北京:中国农业出版社,2007.

[7]刘斌,李志明,赵超.食品微生物检验[M].北京:中国轻工业出版社,2013.

[8]郝鲁江.食品微生物检验技术及新进展[M].北京:中国纺织出版社,2019.

[9]贺稚非,刘素纯,刘书亮.食品微生物检验原理与方法[M].北京:科学出版社,2016.

[10]国家卫生和计划生育委员会,国家食品药品监督管理总局.GB 4789.1—2016 食品安全国家标准 食品微生物学检验 总则[S].北京:中国标准出版社,2017.

[11]全国认证认可标准化技术委员会.GB 19489—2008 实验室 生物安全通用要求[S].北京:中国标准出版社,2009.

[12]国家卫生和计划生育委员会.GB 4789.28—2013 食品安全国家标准 食品微生物学检验 培养基和试剂的质量要求[S].北京:中国标准出版社,2014.

[13]全国认证认可标准化技术委员会.GB/T 27405—2008 实验室质量控制规范 食品微生物检测[S].北京:中国标准出版社,2008.

[14]国家卫生和计划生育委员会,国家食品药品监督管理总局.GB 4789.3—2016 食品安全国家标准 食品微生物学检验 大肠菌群计数[S].北京:中国标准出版社,2017.

[15]国家卫生和计划生育委员会.GB 4789.39—2013 食品安全国家标准 食品微生物学检验 粪大肠菌群计数[S].北京:中国标准出版社,2014.

[16] 中华人民共和国卫生部. GB 4789.38—2012 食品安全国家标准 食品微生物学检验 大肠埃希氏菌计数[S]. 北京:中国标准出版社,2012.

[17] 国家卫生和计划生育委员会,国家食品药品监督管理总局. GB 4789.4—2016 食品安全国家标准 食品微生物学检验 沙门氏菌检验[S]. 北京:中国标准出版社,2017.

[18] 国家卫生和计划生育委员会. GB 4789.7—2013 食品安全国家标准 食品微生物学检验 副溶血性弧菌检验[S]. 北京:中国标准出版社,2014.

[19] 国家卫生和计划生育委员会,国家食品药品监督管理总局. GB 4789.10—2016 食品安全国家标准 食品微生物学检验 金黄色葡萄球菌检验[S]. 北京:中国标准出版社,2017.

[20] 国家卫生和计划生育委员会. GB 4789.15—2016 食品安全国家标准 食品微生物学检验 霉菌和酵母计数[S]. 北京:中国标准出版社,2017.

[21] 国家卫生和计划生育委员会,国家食品药品监督管理总局. GB 4789.16—2016 食品安全国家标准 食品微生物学检验 常见产毒霉菌的形态学鉴定[S]. 北京:中国标准出版社,2017.

[22] 国家卫生和计划生育委员会,国家食品药品监督管理总局. GB 5009.22—2016 食品安全国家标准 食品中黄曲霉毒素 B 族和 G 族的测定[S]. 北京:中国标准出版社,2017.

[23] 中华人民共和国卫生部. GB/T 18204.4—2013 公共场所卫生检验方法 第 4 部分:公共用品用具微生物[S]. 北京:中国标准出版社,2014.

[24] 中华人民共和国卫生部. GB/T 18204.3—2013 公共场所卫生检验方法 第 3 部分:空气微生物[S]. 北京:中国标准出版社,2014.